建筑工人职业技能培训教材

测量放线工

（第二版）

建筑工人职业技能培训教材编委会　组织编写

中国建筑工业出版社

图书在版编目（CIP）数据

测量放线工/建筑工人职业技能培训教材编委会组织
编写. —2版. —北京：中国建筑工业出版社，2015.11
建筑工人职业技能培训教材
ISBN 978-7-112-18730-0

Ⅰ.①测… Ⅱ.①建… Ⅲ.①建筑测量-技术培训-教材
Ⅳ.①TU198

中国版本图书馆 CIP 数据核字（2015）第 268593 号

建筑工人职业技能培训教材

测量放线工

（第二版）

建筑工人职业技能培训教材编委会　组织编写

*

中国建筑工业出版社出版、发行（北京西郊百万庄）
各地新华书店、建筑书店经销
北京红光制版公司制版
北京云浩印刷有限责任公司印刷

*

开本：850×1168毫米　1/32　印张：7½　字数：205千字
2015 年 12 月第二版　　2016 年 4 月第十九次印刷
定价：**19.00** 元
ISBN 978-7-112-18730-0
（27844）

本教材是建筑工人职业技能培训教材之一。考虑到测量放线工的特点，按照新版《建筑工程施工职业技能标准》的要求，对测量放线工的初级工、中级工和高级工应知应会的内容进行了详细讲解，具有科学、规范、简明、实用的特点。

　　本教材包括的主要内容有：工程识图的基本知识，工程构造的基本知识，工程测量的基本知识，有关施工测量的法规和管理工作，水准测量，角度测量，距离测量，高新科技仪器施工测量中的应用，测量误差的基本理论，测设工作的基本方法，建筑工程施工测量前的准备工作，建筑工程施工测量，市政工程施工测量以及小区域地形图的测绘。

　　本教材适用于测量放线工职业技能培训，也可供相关人员参考。

责任编辑：朱首明　李　明　李　阳　赵云波
责任设计：董建平
责任校对：李欣慰　刘　钰

建筑工人职业技能培训教材
编委会

主　任：刘晓初

副主任：辛凤杰　　艾伟杰

委　员：（按姓氏笔画为序）

包佳硕　　边晓聪　　杜　珂　　李　孝

李　钊　　李　英　　李小燕　　李全义

李玲玲　　吴万俊　　张囡囡　　张庆丰

张晓艳　　张晓强　　苗云森　　赵王涛

段有先　　贾　佳　　曹安民　　蒋必祥

雷定鸣　　阚咏梅

出 版 说 明

为了提高建筑工人职业技能水平，根据住房和城乡建设部人事司有关精神要求，依据住房和城乡建设部新版《建筑工程施工职业技能标准》（以下简称《职业技能标准》），我社组织中国建筑工程总公司相关专家，对第一版《土木建筑职业技能岗位培训教材》进行了修订，并补充新编了其他常见工种的职业技能培训教材。

第一批教材含新编教材3种：建筑工人安全知识读本（各工种通用）、模板工、机械设备安装工（安装钳工）；修订教材10种：钢筋工、砌筑工、防水工、抹灰工、混凝土工、木工、油漆工、架子工、测量放线工、建筑电工。其他工种教材也将陆续出版。

依据新版《职业技能标准》，建筑工程施工职业技能等级由低到高分为：五级、四级、三级、二级和一级，分别对应初级工、中级工、高级工、技师和高级技师。教材覆盖了五级、四级、三级（初级、中级、高级）工人应掌握的内容。二级、一级（技师、高级技师）工人培训可参考使用。

本套教材按新版《职业技能标准》编写，符合现行标准、规范、工艺和新技术推广的要求，书中理论内容以够用为度，重点突出操作技能的训练要求，注重实用性，力求文字通俗易懂、图文并茂，是建筑工人开展职业技能培训的必备教材，也可供高、中等职业院校实践教学使用。

为不断提高本套教材质量，我们期待广大读者在使用后提出宝贵意见和建议，以便我们改进工作。

中国建筑工业出版社
2015 年 10 月

前　　言

本教材依据住房和城乡建设部新版《建筑工程施工职业技能标准》，在上一版《测量放线工》基础上修订完成。

本教材力求理论知识与实践操作的紧密结合，体现建筑企业施工的特点，突出提高生产作业人员的实际操作水平，文字简练、通俗易懂、图文并茂。注重针对性、科学性、规范性、实用性、新颖性和可操作性。

本教材共分为十四章。第一、二章是工程识图、审图与工程构造的基本知识。按设计图施工是施工中的基本原则。施工测量在整个施工中，对工程的平面位置、高程、形状与尺寸起着整体控制作用，在各部位施工中是先导性的工序。第三、四章是工程测量的基本知识和有关施工测量的法规，这是学好施工测量的专业基础知识。第五～八章分别介绍了水准测量、角度测量、距离测量和高新科技仪器的基本构造、测量原理、操作方法及使用要点等，这是掌握施工测量工作的基本功，必须学好理论的同时要通过实习掌握操作。第九章测量误差的基本理论知识。第十～十三章是本教材的核心部分，一定要结合工程实践、认真领会各种规范的要求，深入掌握。第十四章是小区域地形图的测绘，重点是小区域地形图的测绘步骤与闭合导线、附合导线的外业及内业——这是测图的需要，更是测量施工控制网的需要。

本教材在编写过程中一方面注重建筑工程测量学的知识系统性，另一方面强调建筑工程测量技术的应用性，改变了传统测量教材重"测定"轻"测设"的倾向，在讲述建筑工程测量学基本理论的基础上，加强了测量技术在建设工程施工过程中的应用。

本教材适用于职业技能五级（初级）、四级（中级）、三级

（高级）测量放线工培训和自学使用，也可供二级（技师）、一级（高级技师）测量放线工参考使用。

本教材修订主编由李英担任，由于编写时间仓促，加之编者水平有限，书中难免存在缺点和不足，敬请读者批评指正。

目　　录

一、工程识图的基本知识

（一）平面图和地形图在工程中的应用

1. 平面图与地形图

（1）平面图与地形图在工程建设中的作用

平面图与地形图是按一定的程序和方法，用符号、注记等方法全面表示了测区各种自然现象（地物与地貌）和社会现象，图上的位置、形状与实物的实地位置、形状是按一定比例缩小的对应关系；图上的文字和数字又说明了它们的名称、特征、种类和数量。因此，平面图与地形图的量度性和直观性是特别明显的，与工程设计图上的距离只能按注记尺寸为准不同，而是按图的比例由图上直接量取或通过计算后求得所需要的距离、方向、高差、面积和体积等。正是由于平面图与地形图有以上的作用，所以它是工程总体布局和局部设计的重要依据，也是施工现场布置、场地平整等重要依据。故施工测量人员必须全面掌握平面图与地形图的识读与应用，根据《城市测量规范》CJJ/T 8—2011规定，不同比例尺地形图在城市规划和工程建设不同阶段的用途见表1-1。

不同比例尺地形图在工程建设不同阶段的用途 　　　　表1-1

比例尺	在工程规划、设计、施工与管理各阶段的用途
1∶10000，1∶5000	城市总体规划设计、小区规划、厂址选择、方案比较等
1∶2000	城市详细规划、市政工程、建筑工程项目的初步设计等
1∶1000，1∶500	城市详细规划、管理、地下管网和地下普通建（构）筑工程的现状图、工程项目的施工详图设计等

注：本表摘自 CJJ/T 8—2011

（2）地物、地貌、与平面图、地形图

1）地物：人工建造与自然形成的物体。如房屋建筑、道路桥梁、地上地下的各种管线、树木、沟坎、河流、湖泊等。

2）地貌：地面的高低起伏。如平地、斜坡、山头、山脊、山谷和洼地等。

3）平面图：将地物沿铅垂方向投影到水平面上，并按一定的比例尺缩绘成的图。它只能反映出地物的平面位置关系，见图1-1所示立交桥平面形状而不能显示各部位高低情况的平面图。

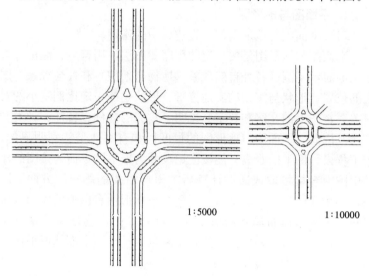

图 1-1 1∶5000、1∶10000 立交桥平面图

4）地形图：既能反映出地物的平面位置关系，又能用等高线将地貌的起伏情况表示出来的图，如图1-2所示工矿区平面形状与高程情况的地形图。

（3）地形图比例尺、比例尺精度与测图精度

1）地形图比例尺：地形图上任意线段的长度 d 与它所代表的地面上实际水平长度 D 之比，用分子为1的分数表示，即：

$$\frac{d}{D} = \frac{1}{D} = \frac{1}{M} \qquad (1-1)$$

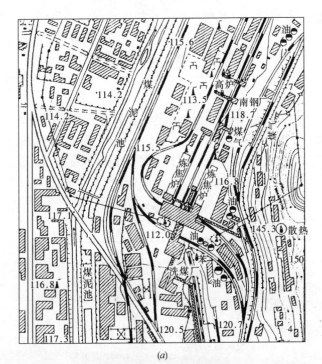

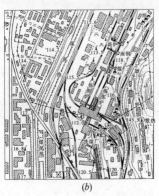

图 1-2　工矿区地形图

(a) 1：5000；(b) 1：10000

式中 M 是缩小的倍数。地形图比例尺的大小是由其分数值决定的，分数值大，比例尺就大。如 1：500（1/500）比例尺大于 1：1000（1/1000）比例尺。在工程建设中常将比例尺 1：100000～1：25000 的叫做小比例尺地形图，1：10000～1：5000 的叫做中比例尺地形图，1：2000～1：500 的叫做大比例尺地形图。

2）比例尺精度：在正常情况下，人眼直接在图上能分辨出来的最小长度为 0.1mm，地形图上 0.1mm 所代表的实地水平距离。它可以反映出各种比例尺地形图的精确程度。现将常用的比例尺精度列于表 1-2 中。

比例尺与测图精度　　　　　　　　　　表 1-2

比例尺		1：500	1：1000	1：2000	1：5000	1：10000
比例尺精度（m）		0.05	0.10	0.20	0.50	1.00
点位中误差（m）	城市建筑区域和平地、丘陵地	0.25	0.5	1.00	2.50	5.00
	山地和设站施测困难的旧街坊	0.38	0.75	1.50	3.75	7.50
邻近地物点间距中误差（m）	城市建筑区和平地、丘陵地	0.20	0.40	0.80	2.00	4.00
	山地和设站施测困难的旧街坊	0.30	0.60	1.20	3.00	6.00

3）测图精度：在测绘地形图中，由于控制测量与碎部测绘中各种误差的影响，使得地形图上明显地物点的误差一般在 0.5mm 左右，0.5mm 所代表的实地距离（0.5mm×M）就叫测图精度。

由表 1-2 可知：地形图的比例尺越大，它的精度就越高，表示地物地貌就越详尽、精确；反之，比例尺越小，它的精度就越低，表示地物地貌就越简略。如图 1-3 为 1：500 的城区居民区，图中内容较详。图 1-4 为 1：1000 的农村居民区，图中内容则较简略。

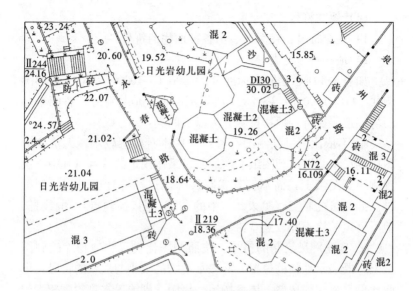

图 1-3　1∶500 城区居民区地形图

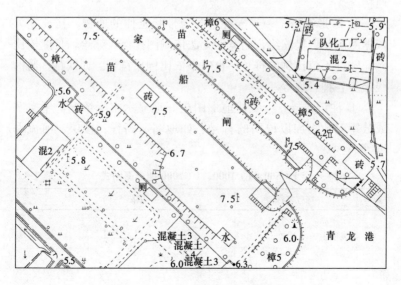

图 1-4　1∶1000 农村居民区地形图

（4）地物符号

1）地物符号：在图上表示各种地物的符号。

2）地物符号分类

如表 1-3 所示是国家标准《1∶500 1∶1000 1∶2000 地形图图式》GB/T 20257.1—2007 所规定的部分地物符号，各测绘部门均应遵照执行。地物符号分为以下四类：

① 不依比例尺绘制的符号：一些本身轮廓较小，无法按测图比例尺将其缩绘到图纸上的地物，采用规定的符号将其中心位置测绘到图纸上，而不管其实际尺寸，这种符号也叫非比例符号。如测量控制点（见表 1-3 中的"3"测量控制点）、电线杆、地下管道的检查井、独立树等。

② 依比例尺绘制的符号：按照测图比例尺将地物缩绘到图纸上，既表示地物的位置，又表示地物的大小与形状的符号，也叫比例符号。如房屋、体育场地、果园、湖泊等本身轮廓较大的地物等。

③ 线形符号：一些本身轮廓为带状延伸的地物，其长度可依据测图比例尺缩绘，而宽度无法依测图比例尺缩绘，长度依比例、宽度不依比例的符号，也叫半依比例尺符号。如铁路、通信线路与各种管道等。

④ 注记符号：为了使地形图更好地显示实际情况，用文字或数字对地物加以说明的符号。如地名、高程、楼层、河流深度等。

1∶500、1∶1000、1∶2000 地形图图式　　　　表 1-3

编号	符号名称	图　　例
1	三角点 凤凰山——点名 394.468——高程	△ 凤凰山 3.0 394.468
2	导线点 L16——等级，点号 84.46——高程	2.0 ⊡ L16/84.46

编号	符号名称	图 例
3	水准点 Ⅱ京石S——等级，点名 32.804——高程	2.0⊓⊗ $\frac{Ⅱ京石S}{32.804}$
4	GPS控制点 B14——级别，点号 495.267——高程	△ $\frac{B14}{495.267}$ 3.0
5	一般房屋 混——房屋结构 3——房屋层数	混3 ▨ 2
6	台阶	0.6
7	室外楼梯 a. 上楼方向	混B 不表示 a
8	院门 a. 围墙门 b. 有门房的	a 0.6 1.6 b 45°
9	门顶	1.0
10	围墙 a. 依比例尺的 b. 不依比例尺的	a 10.0 b 10.0 0.3 0.6
11	水塔	⊡ 1.0 3.6 1.0
12	温室、菜窖、花房	温室
13	宣传橱窗、广告牌	1.0 2.0

编号	符号名称	图　　例
14	游泳池	泳
15	路灯	
16	喷水池	
17	假石山	
18	塑像 a. 依比例尺的 b. 不依比例尺的	a　　b
19	旗杆	
20	一般铁路	
21	建筑中的铁路	
22	高速公路 a. 收费站 0——技术等级代码	
23	大车路、机耕路	
24	小路	

编号	符号名称	图 例
25	内部道路	
26	电杆	
27	电线架	
28	低压线	
29	高压线	
30	变电室（所） a. 依比例尺的 b. 不依比例尺的	
31	一般沟渠	
32	村界	
33	等高线 a. 首曲线 b. 计曲线 c. 间曲线	
34	示坡线	

编号	符号名称	图　例
35	一般高程点及注记 a. 一般高程点 b. 独立地物的高程	a　　b 0.5 →•163.5　⚑ 75.4
36	滑坡	
37	陡崖 a. 土质的 b. 石质的	a　　　b
38	冲沟 3.5——深度注记	
39	陡坎 a. 未加固的 b. 已加固的	a.　　2.0 4.0 b.
40	盐碱地	3.0 2.0
41	稻田	0.2　3.0 1.0　10.0 10.0
42	旱地	1.0　　　 2.0　10.0 　--10.0

编号	符号名称	图 例
43	水生经济作物地	
44	果园	

（5）等高线、等高距、等高线平距、等高距与地貌精度

1）等高线：地面上高程相等的相邻点所连成的闭合曲线。地形图上用等高线表示地面的高低起伏情况。

2）等高距：相邻两条等高线之间的高差。

① 首曲线：根据不同测图比例尺及不同地貌情况，按有关规定的等高距绘出的等高线，也叫做"基本等高线"。如图 1-5 中的 74、76、78、80m 等高线，其等高距为 2m。

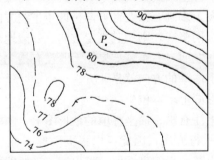

图 1-5　等高线

② 计曲线：为了阅读方便，图中每隔四条首曲线，应加绘一条较粗的等高线，叫做"加粗等高线"。

③ 间曲线：如局部地貌复杂，为了能较好地表达局部地貌变化情况，可加绘基本等高距一半的等高线，也叫做"半距等高线"。

3）等高线平距：相邻两条等高线之间的水平距离。在相同等高距的情况下，等高线平距小，表示地面坡度陡；等高线平距大，表示地面坡度缓；等高线平距相等，则表示地面坡度均匀。

4）等高距与地貌精度：一般等高距越小，表示地貌越详细，精度越高。但等高距的大小的选择与比例尺大小、地形坡度情况有关。对不同比例尺与地区的地形图基本等高距与等高线高程中误差规定见表1-4。

地形图的基本等高距与等高线高程中误差   表 1-4

比例尺		1：500	1：1000	1：2000	1：5000	1：10000
基本等高距 （m）	平 地	0.5	0.5	0.5，1	1	1，2
	山 地	0.5	1.0	2	5	5
等高线高程 中误差	平 地	1/3 等高距				
	山 地	2/3 等高距				

2. 地形图在工程中的具体应用

（1）在地形图上判定方向

一般地形图上多画有指北针方向，即子午线方向。如果图的四廓有测量坐标网格线，则用其判定方向。一般地形图的方向均为上北、下南、左西、右东。如果图上既没有指北方向，又无坐标格网，则图上注字的方向就是北方。

（2）在地形图上求点位坐标

在图廓角上注有纵、横坐标值的地形图上，图廓线本身就是 Y 轴与 X 轴的平行方向，因此可以根据图廓坐标与平行于图廓线的方向量测出某一点的坐标值。求出测点坐标即可在图上标出欲建建筑物的用地范围，并据此在地面上测试出来。

（3）在地形图上求直线的水平距离与方位角

1）求水平距离：欲在图上量测 A、B 两点距离，可用比例尺直接量取，也可先量测两点坐标值，然后根据下式计算两点间距离：

$$D_{AB} = \sqrt{(y_B - y_A)^2 + (x_B - x_A)^2} \qquad (1-2)$$

2）求方位角：欲在图上量测直线的方位角，因地形图左、右图廓线为坐标子午线方向，故量测直线方位角时，过直线起点作图廓线的平行线，以其北端为起始方向，用量角器顺时针量到直线，即得该直线的方位角。

（4）在地形图上求点位高程与两点间平均坡度

1）求高程：欲在图上量测某点高程，该点应在等高线的范围内。如图 1-5 所示：欲求 P 点高程，根据 P 点所在位置，可用目估法确定其高程为 82.4m，在不便于绘等高线的城市建筑区，是用一定密度的高程注记点来表示地貌，注记点只表示这一点的高程，相邻注记点之间没有必然的联系，因此在等高线范围之外，不能确定任一点的高程。

2）求平均坡度：欲在图上求两点间的平均坡度（i），应先在图上求出两点的高程及其高差（h），并求出其间的水平距离（d）。由于直线的坡度（i）是其两端点的高差（h）与水平距离（d）之比，故：

$$i = \frac{h}{d}（坡度 i 一般用百分率或者千分率表示）\qquad (1-3)$$

（5）在地形图上求图形面积

欲在地形图上计算某一范围的面积，可先将这一范围划分若干几何图形（三角形、矩形、梯形、正方形等），然后在地形图上直接量取所需的数据，计算出其面积。若为多边形图形，可先量测出各角点坐标，再进行计算，算出其面积。若图形的四周为曲线，可用求积仪量测。

（6）根据地形图绘制断面图

在道路、管道等线路工程的设计中，为使设计合理，通常需要较详细地了解沿线路方向上地面的高低起伏情况，因此，常根据地形图上的等高线绘制地面的断面图。

如图 1-6（a）所示地形图，欲绘制 MN 方向的断面图，先画纵横轴线，如图 1-6（b）所示断面图，横轴表示水平距离，纵轴表示高程。量测出各点间距，将各点在横轴上表示出来

（m、1、2、3……13、n），量测出各点高程，量测出各点高程，并在纵线上表示出来，就能得到各点在断面图上的位置，用平滑曲线连接各点，即为 MN 方向的断面图。

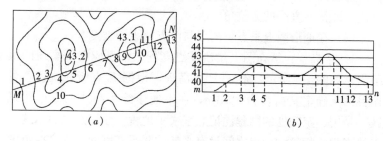

（a）　　　　　　　　　　（b）

图 1-6

（a）地形图；（b）断面图

为了明显地表示地面的高低起伏变化情况，断面图上的高程比例尺往往比水平距离比例尺大 10 倍或 20 倍。

（二）民用建筑工程施工图的基本内容和识读要点

1. 民用建筑工程施工图的基本内容

民用建筑工程施工图由下面五个基本部分组成：

（1）建筑总平面图

它是表明建筑物的总体布置、所在的地理位置和周围原地形环境的平面图。一般在图上标出建筑红线和新建建筑物的外形，建成后的道路，通讯、电源、给水排水管道的位置；建筑物周围的地物与原有建筑，一般地区还应标有等高线和坐标格网。为了表示建筑物的朝向和方位，应标出指北针或表示朝向及风向的"风玫瑰"图等。

（2）建筑施工图

它是表明建筑物建造的规模、尺寸、细部构造以供施工的图纸。建筑施工包括平面图、立面图剖面图、节点详图及材料做法表、门窗表等。

（3）结构施工图

它是表明建筑物承重结构的类型、尺寸、材料和详细构造以供施工的图纸。它包括基础、楼层、屋盖，楼梯及抗震构造措施等项内容。

（4）水暖、空调设备施工图

它是指给水和排水设备、暖气设备、通风空调设备、煤气设备的施工图纸。它包括平面图，系统图和详图等。

（5）电气施工图

它是指照明、动力、电话、广播、避雷等电气设备的线路走向及构造的施工图。它包括平面图、系统图和详图等。

2. 建筑总平面图的基本内容与识读要点

（1）总平面图的作用

表明建筑红线、工程的总体布置及其周围的原地形情况。它是新建建筑物定位置、定高程、施工放线、土方施工和进行施工现场总平面布置的基本依据。

（2）总平面的基本内容

总平面图是在用细线条绘制的原实测地形图底图上用粗线条绘制成的新建建筑物的总体布置图。因此，总平面图上一般包括场地原地形情况、新建建筑物和建筑红线等三部分。

1）新建建筑物的平曲形状、四廓尺寸、首层内地面、设计高程、层数、建筑面积、主要出人口、建筑红线（或其他定位依据）与新建建筑物的定位关系等；

2）用地范围、道路、地下管网、庭院、绿化等的布置，新建建筑物与原有建（构）筑物、拆除建（构）筑物或道路、围墙等关系；

3）设计的场地地面高程、坡度、道路的绝对高程，表明土方的填挖与地面坡度、雨水排除的方向等；

4）用指北针来表示建筑物的朝向、有时也用风玫瑰图表示常年风向频率的风速；

5）根据工程需要有时还有水、暖、电、煤气等管线总平面图或管道综合布置图，以及场地竖向设计图、人防通道图、道路布置图庭院绿化布置图等。

（3）读图要点

1）阅读文字说明、熟悉总图图例（见表1-5）并了解图的比例尺，方位与朝向的关系；

2）了解总体布置、地物、地貌、道路、地上构筑物地下各种管道布置走向，以及水、暖、煤气、电力电信等在新建建筑物中的引入方向；

3）对于测量人员要特别注意查清新建建筑物位置和高程的定位依据和定位条件。

（4）识读注意事项

图1-7为某小区总平面图，识读中应注意以下几点：

1）x 为南北向的纵坐标，y 为东西向的横坐标，ABCD 为建筑红线，是 53.96m×29.36m 的矩形，是定位依据；

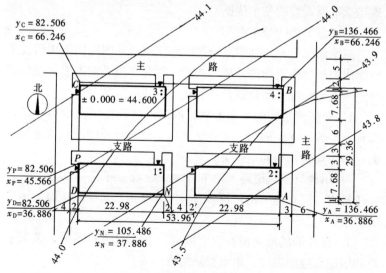

图 1-7　某小区建筑总平面图

2）1、2、3、4栋新建建筑物的南北纵向净间距为 12m、东西横向净间距为 8m，新建建筑物平行建筑红线、南北距红线 1.000m，东西与红线齐平，为定位条件；

3）新建建筑物中的圆点表示层数；

4）注意地面高程上的变化。图中两条曲线为原地面等高线，从中可看出场地平整需要填挖的情况。

总平面图例　　　　　表 1-5

序号	名　称	图例	备　注
1	新建建筑	 8　　▲	1. 用▲ 表示出入口，在图形内右上角用点数或数字表示层数； 2. 建筑物外形（一般以±0.00 高度处为准）用粗实线表示
2	原有建筑	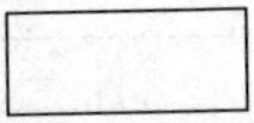	用细实线表示
3	计划扩建的预留地或建筑物		用中粗虚线表示
4	拆除的建筑物	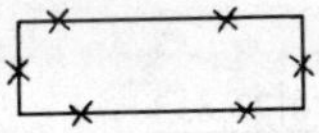	用细实线表示
5	散状材料露天堆场	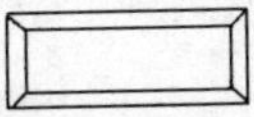	
6	铺砌场地	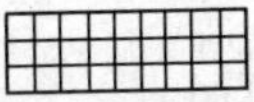	
7	冷却塔（池）	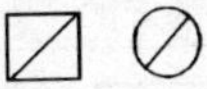	应注明冷却塔或冷却池
8	水塔、贮罐	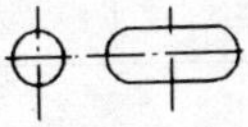	左图为水塔或立式贮罐 右图为卧式贮罐
9	水池、坑槽		也可不涂黑

序号	名 称	图 例	备 注
10	烟囱		实线为烟囱下部直径，虚线为基础，必要时可注写烟囱高度和上、下口直径
11	围墙及大门	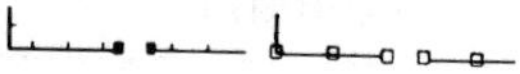	左图为实体性质的围墙 右图为通透性质的围墙
12	挡土墙	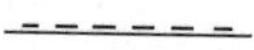	被挡土在"突出"的一侧
13	挡土墙上设围墙		
14	台阶	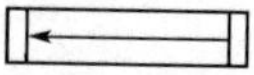	箭头指向表示向下
15	门式起重机	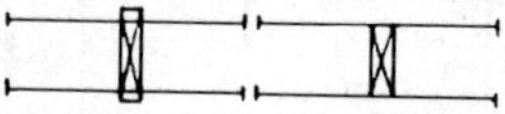	左图表示有外伸臂 右图表示无外伸臂
16	坐标	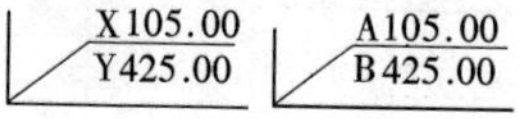 X105.00 Y425.00　A105.00 B425.00	左图表示测量坐标 右图表示建筑坐标
17	方格网交叉点标高	-0.50 | 77.85 78.35	"77.35"为原地面标高；"77.85"为设计标高；"-0.50"为施工高度；（"-"为挖方"+"为填方）
18	截水沟或排水沟	 40.00	"1"为1%的沟底纵坡，"40.00"为变坡点间距离，箭头为水流方向
19	室内标高	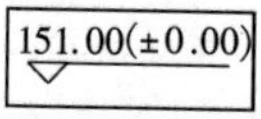 151.00(±0.00)	
20	室外标高	●143.00▼143.00	室外标高也可采用等高线表示

注：本表摘自 GB/T 50103—2001。

3. 建筑基础图的基本内容与识读要点

（1）建筑基础图的作用：基础是建筑物下部的承重结构，它承担上部传来的荷载，并将这些荷载传给基础下部的土层。基础图一般是表示室内地面以下的墙、柱及其基础的结构图。

基础图包括基础平面图和基础详图，主要作为测量放线、挖槽、抄平、确定井点排水部位、打垫层、基础和管沟施工用。

（2）建筑基础图的基本内容

以条形基础为例，见图1-8

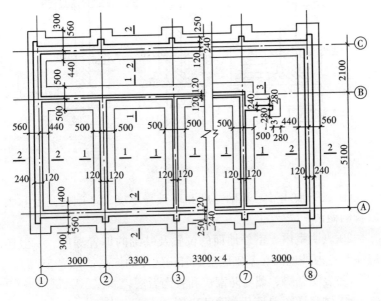

图1-8 ××办公楼基础平面图

1）基础平面图：

① 表明横向与纵向定位轴线及轴线编号，注明开间与进深的尺寸；

② 表明基槽宽度、基础墙的厚度及其与轴线的关系；

③ 表明管沟的宽度和位置、预制钢筋混凝土沟盖板的型号和数量、检查井的位置及其盖板编号等；

④ 表明基础墙上留洞的位置、宽高尺寸及洞底标高，注明管沟穿墙处、转角处所用预制钢筋混凝土过梁的型号与根数；

⑤ 表明尺寸不同和做法不同的基础详图的索引号及方向标志图例；

⑥ 表明当埋深不一致时，基础的衔接做法。

2）基础详图（剖面详图）见图1-9

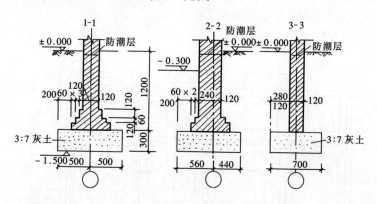

图1-9　基础详图

① 表明轴线号、基础宽度和基础强厚度、基础的高度和大放脚的做法；

② 表明室内、室外地面的位置及基础的埋置深度。一般还应注明室内外地面、基础底皮和管沟底皮的标高；

③ 表明勒脚、墙身防潮层和管沟做法；

④ 注意详图编号及画图的比例。

3）文字说明：图画无法表达但又很重要的内容，可以用文字说明。它一般包括±0.000相当的绝对高程数值，地基承载力、砌体、砂浆的强度、钢筋型号、挖槽和打钎验槽要求等。

4）由于建筑地区按八度抗震设防，在基础中应加设圈梁和构造柱，其构造做法（包括配筋与砌体连接的构造）的细部详图，见图1-10。

（3）读图要点

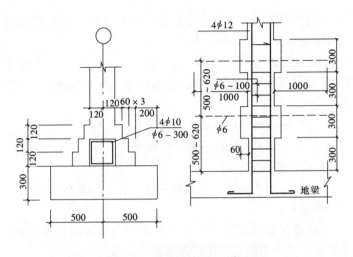

图 1-10　圈梁与构造柱详图

1) 应对照建筑首层平面图识读基础平面图，核对横向与纵向轴线尺寸是否一致，承重墙下是否都有基础，墙厚是否一致，管沟走向是否一致等；

2) 应对照建筑外墙大样图识读基础详图，如勒脚、防潮层做法，墙与轴线关系是否一致，室内外标高差是否一致等；

3) 基础图中留洞和留孔的位置、尺寸、标高与设备专业图、电气专业图是否一致等；

4) 注意方向标志是否与总平面图、建筑首层平面图是否一致；

5) 核对基础图中构件类型和数量表与图中是否一致。

4. 建筑立面图的基本内容与识读要点

(1) 建筑立面图的作用：主要表明建筑物的外观、装饰做法及做法代号，有时还要说明装饰做法的材料配比。

(2) 建筑立面图的基本内容：

1) 表明建筑的外形，以及门窗、阳台、雨罩、台阶、花台、门头、勒脚、檐口、女儿墙、雨水管、烟囱、通风道、室外楼梯灯的形式、位置和做法说明；

2）通常外部在竖直方向要标注三道尺寸线，水平尺寸除个别要求标注外，一般均不标注；

3）通常标注有室外地面、首层地面、各层楼面、顶板结构上表面、檐口和屋脊上皮，以及外部尺寸不易表达的一些构件尺寸等；

4）注明外墙各处的外装饰做法及所用材料；

5）注明局部或外墙详图的索引编号。

（3）读图要点：

1）应根据图名或轴线编号对照平面图，明确各立面图所示的内容是否正确；

2）检查立面图之间有无不吻合的地方，通过识读立面图，联系平面图及剖面图建立建筑物的整体概念。

（4）识读注意事项：

图 1-11 与图 1-12 为××办公楼南立面与北立面图，识读中应注意以下两点：

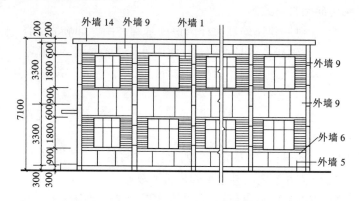

图 1-11　××办公楼南立面图

1）南北两立面的标高应一致并与剖面图相对应；

2）首层室内外设计标高要与基础图相对应。

5. 建筑剖面图的基本内容与识读要点

（1）建筑剖面图的作用：主要表明建筑物的结构形式、各层

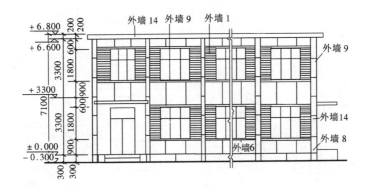

图 1-12　××办公楼北立面图

面标高、高度尺寸及各部分特别是平面图中复杂部位的做法。

（2）建筑剖面图的基本内容：

1）表明建筑物的层数，各层梁板的位置及与墙柱的关系，屋顶的结构形式等。

2）剖面图所注的尺寸，除竖直方向有时加注内部尺寸，以表明室内净高、楼层结构、楼地面构造厚度的尺寸外，外部尺寸应标注三道，即窗台、窗高、窗上口、室内外高差、女儿墙或檐口高度为第一道外尺寸；第二道为层高尺寸；第三道为室外地面至檐部的总高度尺寸。水平方向应标注出轴线间尺寸及轴线编号。伸出墙外的雨罩、阳台、挑檐板等应标注尺寸。

3）剖面图中应标注地面、楼地面、顶棚、踢脚、墙裙、内墙面、屋面等做法层次或做法代号，需绘制详图时，应另加索引号。

（3）读图要点

1）根据平面图中表明的剖切位置及剖视方向，校核剖面图所表明的轴线编号、剖切到的部位及可见到的部位与剖切位置，剖视方向是否一致。

2）校对尺寸，标高是否与平面图一致。通过核对尺寸、标高及材料做法，加深对建筑物各处做法的整体了解。

（4）识读注意事项：

图 1-13 为××办公楼剖面图，识读中应注意以下两点：

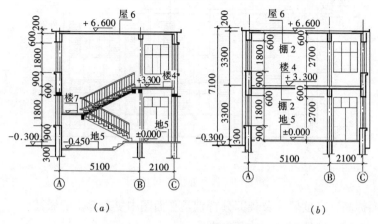

图 1-13 ××办公楼剖面图

(a) 甲-甲剖面；(b) 乙-乙剖面

1) 剖面图的标高应与立面图的标高一致；

2) 首层室内外设计标高与基础图相对应。

(三) 工业建筑工程施工图的基本
内容和识读要点

1. 单层工业厂房平面图与基础图的基本内容与识读要点

(1) 厂房平面图与基础图的作业

主要是供测量放线、浇筑杯形柱基础垫层定位和厂房四周围护墙放线，安装厂房钢窗，铁门与生产设备，以及编制预算，备料、加工订货等用。

(2) 厂房平面图与基础图的基本内容

1) 表明厂房的平面形状、布置与朝向：它包括厂房平面外形、内部布置、厂门位置、厂房外散水宽度与厂房内地面做法等。

2) 表明厂房各部平面尺寸：即用轴线和尺寸线标注各处的

24

准确尺寸。横向和纵向外廊尺寸为三道，即总外廊尺寸、柱间距与跨度尺寸，以及门窗洞口尺寸。内部尺寸则主要标注墙厚、柱子断面和内墙门窗洞口和预留洞口位置、大小、标高等。标注时应注意与轴线的关系。

3）表明厂房的结构形式和主要建筑材料：通过图例加以说明。

4）表明厂房地面的相对标高与绝对高程：厂房外散水与道路的设计标高。基础地面与顶面的设计标高。

5）反映水、电等土建的要求：如配电盘、消火栓等。

（3）读图要点与注意事项

图 1-14 的右半部为××厂房的平面图，左半部为该厂房的基础图。识读中应注意以下几点：

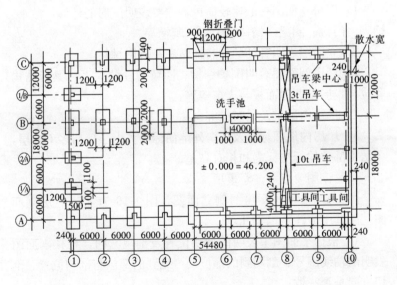

图 1-14　××厂房平面图（右）与基础图（左）

1）以轴线为准，检查平面图与基础图的柱间距、跨度及相关尺寸是否对应；

2）厂房内中间柱列⑥至⑦轴中有洗手池，12m 跨中有一台

25

3t 吊车，18m 跨中有一台 10t 吊车，厂房东南角有两间工具间；

3）厂房内地面绝对高程为 46.200m，厂房柱基尺寸有三种，宽度均为 2.4m，但长度不同，四角柱基尺寸相同，但轴线位置不同；

4）厂房外为 0.24m 厚的围护结构，1m 宽的散水；

5）厂房的柱间距与跨度的尺寸均较大，但厂房内也有尺寸较小的构件，如爬梯等，看图时也应注意。

2. 单层工业厂房立面图与剖面图的基本内容与识读要点

（1）厂房立面图与剖面图的作用

立面图主要表明厂房的外观、装饰做法。剖面图主要表明厂房结构形式、标高尺寸等。

（2）厂房立面图与剖面图的基本内容

1）厂房立面图一般比较简单，主要表明厂房的外形、散水、勒脚、门窗、圈梁、檐口、天窗、爬梯等。

2）立面图表明各处的外装饰做法及所用材料

3）厂房剖面图表明围护结构、圈梁与柱的关系、梁板结构和位置，屋架、屋面板与天窗架等。

4）厂房内吊车及吊车梁等。

5）厂房内地面标高及厂房外地面标高。由于厂房多不分层，各结构部位均标注标高和相对高差。

（3）读图要点与注意事项

图 1-15 为××厂房西侧立面图，图 1-16 为××厂房剖面图。阅读中应注意以下几点：

1）根据平面图中表明的剖切位置及剖视方向，校核剖面图表明的轴线编号、剖切到的部位及可见的部位与剖切位置、剖切方向是否一致；

2）校对跨度、尺寸、标高与平面图、立面图是否一致，通过核对尺寸、标高及材料做法，加深对厂房结构各处做法的全面了解；

3）厂房内地面标高与厂房外地面标高与基础标高应相对应。

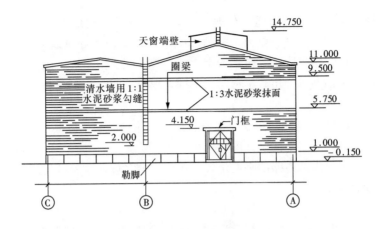

图 1-15　××厂房西侧立面图

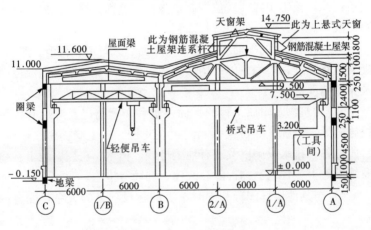

图 1-16　××厂房剖面图

（四）市政工程施工图的基本内容和识读要点

1. 市政工程施工图的基本内容

市政工程大部分是带状地区的线路工程和局部地区的场（厂）站工程两大部分。线路工程又可分为地上路线工程和地下管道工程两大类。城市道路工程、轨道交通工程与桥梁工程、城市立交、地下过街通道、地上人行过街桥等均属地上工程；给水、排水、燃气、热力、电力、电信与地下铁道等属地下工程。场（厂）站工程主要包括城市广场、停车场、给水厂、污水处理厂及加油站等。市政工程类别不同，要求不同，施工图表达重点也不一样。

2. 城市道路、带状平面设计图的基本内容与识读要点

（1）道路平面设计图的作用

主要表示道路的平面位置、工程内容、设计意图以及某些项目的具体做法。

（2）道路平面设计图的基本内容与识读要点

1）道路位置的控制线及主体部分的界限道路的规划中心线，建筑红线，施工中线，线位控制点坐标，路面边线，征地或拆迁物边线，高程控制点的位置和高程。

2）道路设计的平面布置情况如路面、人行道、树池、路口、交叉道路处理，广场、停车场、边沟、弯道加宽，缓和曲线范围及布置情况等。

3）构筑物及附属工程的平面位置和布置情况及对现有各种设施的处理情况，如桥梁、涵洞、立交桥、挡土墙护岸、护栏、台阶、各种排水设施以及现有地上杆线、树木、房屋、地下管缆及地下地上各种构造物拆除、改建、加固等措施。

4）与其他设计配合和同时施工的建设项目的关系，配合内容等。

5）各种尺寸关系，上述四项的中线或里程的相对关系尺寸，平面布置的尺寸，路线及路口平曲线要素以及应控制的高程及坡度等。

6）文字注释有关各项设计内容的名称、设计意图、形式、做法要求及必要的设计数据。

7）图标表明设计单位、设计人、比例尺、出图时间等。

3. 城市道路纵断面设计图的基本内容与识读要点

（1）道路纵断面设计图的作用　纵断面设计图主要表明道路

主体的竖向设计及与地形地物竖向配合的情况。

（2）道路纵断面设计图的基本内容与识读要点　道路纵断面图包括图样和资料表两个部分。图样在图纸上方，资料表在图纸下方，上下一一对应。

1）图样部分是路中线纵断面图（水平方向表示路线长度，竖直方向表示路线高程），主要内容有：

① 现况地面线及道路中线的设计坡度线；

② 竖曲线位置及曲线要素变坡点桩号与高程、曲线起点及终点桩号、半径、外距、切线长和竖曲线凸凹形式；

③ 桥涵构筑物名称、种类、尺寸及中心里程桩号；

④ 水准点编号、位置、高程；

⑤ 地质钻探资料土质、天然含水量、相对湿度及液限、地下水位线；

⑥ 排水边沟纵断面设计线及坡向、坡度注记；

⑦ 沿线建（构）筑物的基础地平线或公共设施的高程与路线纵断填挖方有关的处理措施；

⑧ 地下管线和道路附属构筑物的类型、位置和高程情况。

2）资料表是对应于纵断面设计图形的计算而编制的，主要内容有：

① 桩号：整数里程桩和加桩（包括断链情况）；

② 坡度与坡长（距离）；

③ 高程：地面高、路面设计高、挖填高度；

④ 平曲线：沿路线前进方向有左转弯曲线和右转弯曲线，标出平曲线要素。

4. 城市道路横断面设计图的基本内容与识读要点

（1）横断面设计图的作用

横断面设计图是确定全线或各路段的横断布置及各部尺寸。

（2）横断面设计图的基本内容与识读要点

1）街道或路基宽度、建筑红线宽度、施工界限（或边线）；

2）机动车道、非机动车道、人行道（或路肩）、分车带、绿地带宽度及边沟断面尺寸等；

3）户路拱形式、路拱曲线线型及其计算公式、曲线与直线坡的连接关系，横坡度和坡向；

4）道路路缘石规格和设置形式；

5）路面结构局部大样图；

6）照明灯杆及植树绿化位置关系；

7）地下管缆断面形式、尺寸、高程及其中心离开施工中线的距离；

8）施工中线与永久中线及原路中线的关系标准施工横断面与规划横断面、原路横断面之间的位置关系；

9）文字注释不同标准断面图，标有所在路段和起止桩号，对各组成部分必要的说明，或有关各断面设计的统一说明文字注在图幅的适当位置。

5. 校核城市道路的平面、纵断面与横断面的关系

从工程施工角度出发，阅读和校核施工图，以了解设计意图，熟悉设计图内容，提出有关设计图中的疑问和建议，对平、纵、横设计图纸可能存在不相符之处进行校核。

（1）通读工程的全套施工图了解工程全貌，工程规模，主要工程项目和内容，主要工程数量，工程概（预）算等。

（2）中线里程的校核

由于里程桩号的连续性，若整个路线中有一处桩号有问题，则在其后的各里程桩号，必然出现断链而影响全局。因此，必须重视这项校核工作。

当各交点均有已知坐标，可用坐标反算方法，核算各交点的间距与转折角是否有误；当各交点没有坐标值，则应由路线起点（0+000）起，先校核各交点处的曲线要素（L、T、C、E、M 及校正值 J）与各主点号均无误后，可用下式校核各交点间距 D_{ij} 与路线终点号是否正确。

1）交点间距 D_{ij} 的计算与校核　如图 1-17 所示。

$$JD_7 \sim JD_8 \text{ 间距离 } D_{78} = T_7 + (ZY_8 \text{ 桩号} - YZ_7 \text{ 桩号})T_8$$

（1-4）

计算校核：$\qquad D_{78} = JD_8 桩号 - JD_7 桩号 + J_7 \qquad$ (1-5)

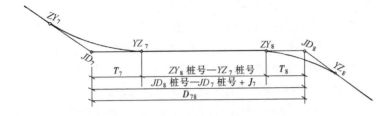

图 1-17 交点间距

2）线路总长度的计算校核当线路起点桩号为 0+000 时，

线路总长度的计算校核＝ΣD（各交点处距的总和）

$\qquad\qquad -\Sigma J$（各交点处校正值总和）(1-6)

（3）平面图线型设计

街道（路基）宽度，道路两侧建筑物、建筑设施情况、路口设计、沿线桥涵和附属构筑物设计情况，地上、地下房屋、树木、杆线、田地等拆迁情况，地下管缆设置和原有管缆情况等。

（4）纵断面图纵断线型设计

最大纵坡度及其坡长，竖曲线最小半径，最大竖曲线长度。沿线土质、水文情况，桥涵过街管缆等附属构筑物位置、高程，原有建筑、设施基底高程。在平面与纵断面图上的路口，包括广场、停车场、支线的高程衔接是否一致。

（5）横断面图横断设计路面结构，标准横断面、规划横断面、原路横断面相互关系等。

1）全路有几种不同的设计标准横断面时，可以从路桩的起点至终点，顺序采用相应的标准横断面对平面图进行校核。在同一种横断面布置的整段中，校核对各组成部分的宽度，施工中线、规划中线、原路中线，路拱横坡，路面结构，地下管线位置、高程，该标准横断面的起止桩号与平面图是否相符，同一种路面结构的使用范围与平面图中所示路段是否一致。

2）在横断面、平面图对照中，同时检查相应段的纵断面图。

平面曲线与纵坡段的关系，最小平曲线半径与最大纵坡度重合时对施工测量和施工的要求，平、纵、横图的边沟设置范围，坡向、坡度在平面图中出入口的处理方式。

3）横断面图与纵断面图对照，校核填挖方中心高度、路边建（构）筑和设施的基底高程与横断面高程的关系。

6. 管道工程纵断面设计图的基本内容与识读要点

（1）比例尺为突出显示管道高低变化，竖向比例尺大于横向比例尺 10 倍，一般竖向 1∶100，横向 1∶1000 或竖向 1∶50，横向 1∶500；

（2）管道起、折、终点坐标位置、管道种类、管段长度、坡度或流向；

（3）管径、接口形式、基础种类或支架、吊架形式；

（4）检查井、人孔井、小室等构筑物的型号、结构类型、顶面和底面高程，坐标位置；

（5）雨污水跌落井型号、结构、上下游落差、井盖和流水面高程，坐标位置；

（6）与地下其他管线和构筑物交叉处的处理形式和方法，与地上结构物的位置关系；

（7）遇有地下水或软弱地基的处理加固方法和要求；

（8）管道纵断而设计图中的管线、管段、井号等数据与平面设计图应一一对应。

二、工程构造的基本知识

（一）民用建筑构造的基本知识

1. 建筑物的分类

建筑物一般按下列方法进行分类：

（1）按建筑物的用途

1）民用建筑：它包括居住建筑和公共建筑两大部分：居住建筑包括住宅、宿舍、招待所等；公共建筑包括生活服务、文教卫生、托幼、科研、医疗、商业、行政办公、交通运输、广播通信、体育、文艺、展览、园林小品、纪念等多种类型；

2）工业建筑：包括生产用房、辅助用房和仓库等建筑；

3）农业建筑：包括各类农业用房，如农机站、种子仓库、粮仓、牲畜用房等。

（2）按结构类型

1）砖混结构：这种结构的竖向承重构件为砌体，水平承重构件为钢筋混凝土楼板和屋顶板；

2）钢结构混凝土板墙构造：这种结构的竖向承重构件为现浇和预制的钢筋混凝土板墙，水平承重构件为钢筋混凝土楼板和屋顶板；

3）钢筋混凝土框架结构：这种结构的承重构件为钢筋混凝土梁、板、柱组成的骨架，围护结构为非承重构件；

4）其他结构：钢结构、空间结构（网架、壳体）等。

（3）按施工方法

1）全现浇式：竖向承重构件和水平承重构件均采用现场浇筑的方式；

2）全装配式：竖向承重构件和水平承重构件均采用预制构件，现场浇筑节点的方式；

3）部分现浇、部分装配式：一般竖向承重构件采用现场砌筑、浇筑的墙体或柱子，水平承重构件大都采用预制装配式的楼板、楼梯。

（4）按建筑层数与高度

《民用建筑设计通则》GB 50352—2005 规定：

1）非高层建筑：1～3 层属于低层、4～6 层属于多层、7～9 层（总高度在 24m 以下）属于中高层建筑；

2）高层民用建筑：它是指 10 层和 10 层以上的住宅建筑，以及建筑高度超过 24m 的其他民用建筑。

2. 民用建筑物与构筑物

（1）民用建筑物

一般指直接供人们居住、工作、生活之用。民用建筑由以下 6 部分组成：

1）基础：承受上部荷载至地基；

2）墙或柱：竖向承重构件，承受屋顶及楼层荷载并下传至基础，墙体还起围护与分隔作用；

3）楼板与地面：它是水平承重构件，并起分割层间的作用；

4）楼梯：楼房建筑中的上下通道；

5）屋顶：房屋顶部的承重与围护部分，一般应满足承重、保温、防水、美观等要求；

6）门窗：门供人们出入及封闭空间用，窗供采光、通风和美化建筑方面用。

（2）民用构筑物

一般指为建筑物配套服务的附属构筑物，如水塔、烟囱、管道支架等。其组成部分一般均少于六部分，而且大多数不是直接为人们使用。

3. 民用建筑工程的基本名词术语

为了做好民用建筑工程施工测量放线，必须了解以下有关的名词术语：

（1）横向：指建筑物的宽度方向；

（2）纵向：指建筑物的长度方向；

（3）横向轴线：沿建筑物宽度方向设置的轴线，轴线编号从左向右用阿拉伯数字①、②、……表示；

（4）纵向轴线：沿建筑物长度方向设置的轴线，轴线编号从下向上用大写拉丁字母Ⓐ、Ⓑ……表示；

（5）开间：两条横向定位轴线之间距离；

（6）进深：两条纵向定位轴线之间距离；

（7）层高：指两层间楼地面至楼地面间的高差；

（8）净高：指净空高度，即为层高减去地面厚、楼板厚和吊顶厚的高度；

（9）总高度：指室外地面至檐口顶部的总高度；

（10）建筑面积（单位为"m²"）：指建筑物外廓面积再乘以层数。建筑面积由使用面积、结构面积和交通面积组成；

（11）结构面积（单位为"m²"）：指墙、柱所占面积；

（12）交通面积（单位为"m²"）：指走道、楼梯间等净面积；

（13）使用面积（单位为"m²"）：指主要使用房间和辅助使用房间的净面积。

4. 日照间距与防火间距

日照间距与防火间距是审核总平面图中应特别注意的两项内容。

（1）日照间距

它是指南北两排建筑物的北排建筑物在底层窗台高度处保证冬季能有一定的日照时间。房间日照时间的长短，是由两排南北间距（D）和太阳的相对位置的变化关系决定的。其计算式为：

$$D = \frac{h}{\tan\theta} \qquad\qquad (2\text{-}1)$$

式中　D——日照间距；

　　　h——南排建筑物檐口和北排建筑物底层窗台间的高差；

θ——冬至日中午 12 点的太阳仰角。

在实际工作中，常用 D/h 的比值来确定，一般取 0.8、1.2、1.5 等。北京地区常取 1.4～1.6。

（2）防火间距

它是指两建筑物的间距必须符合有关防火规范的规定。这个间距应保证消防车辆顺利通过，亦保证在发生火灾的时候，避免波及左邻右舍，具体数值可查有关防火规定。

5. 确定民用建筑定位轴线的原则

（1）承重内墙顶层墙身的中线与平面定位轴线相重合；

（2）承重外墙顶层墙身的内缘与平面定位轴线间的距离，一般为顶层承重外墙厚度的一半、半砖或半砖的倍数；

（3）非承重外墙与平面定位轴线的联系，除可按承重布置外，还可使墙身内缘与平面定位轴线重合；

（4）带承重壁柱外墙的墙身内缘与平面定位轴线的距离，一般为半砖或半砖的倍数；为内壁柱可使墙身内缘与平面定位轴线相重合；为外壁柱可使墙身外缘与平面定位轴线相重合；

（5）柱子的中线应通过定位轴线；

（6）结构构件的端部应以定位轴线来定位。

在测量放线中，由于轴线多是通过柱中线、钢筋等影响视线。为此，在放线中多取距轴线一侧为 1～2m 的平行借线，以利通视。但在借线中，一定要坚持借线方向（向北或向南，向东或向西）和借线距离（最好为整米数）的规律性。

6. 变形缝的分类、作用与构造

变形缝分为伸缩缝、沉降缝和防震缝三种。其构造特点如下：

（1）伸缩缝

解决温度变形。当建筑物的长度大于或等于 60m 时，一般用伸缩缝分开，缝宽为 20～30mm。其构造特点是仅在基础以上断开，基础不断开。

（2）沉降缝

解决沉降变形。当建筑物的高度不同、荷载不同、结构类型不同或平面有明显变化处，应用沉降缝隔开。沉降缝应从基础垫层开始至建筑物顶部全部断开，缝宽为 70～120mm。

（3）防震缝

建筑在地震区的建筑物，在需要设置伸缩缝或沉降缝时，一般均按防震缝考虑。其缝隙尺寸应不小于 120mm，或取建筑物总高度的 1/250，这种缝隙的基础也断开。

（二）工业建筑构造的基本知识

1. 工业建筑物与建筑物

（1）工业建筑物

一般指直接为生产工艺要求进行建造的工业建筑物叫做生产车间，而为生产服务的辅助生产用房、锅炉房、水泵房、仓库、办公、生活用房等教辅助生产房屋。两者均属于工业建筑物。一般单层厂房建筑由以下 6 部分组成：

1）基础：单层厂房下部的承重构件；

2）柱子：竖向承重构件；

3）吊车梁：支承起重吊车的专用梁；

4）屋盖体系：这是屋顶承重构件，其中包括屋架、屋面梁、屋面板、托架梁、天窗架等；

5）支撑系统：保证厂房结构稳定的构件，其中包括柱间支撑与屋盖支撑两大部分；

6）墙身及墙梁系统：墙梁包括圈梁、连系梁、基础梁等构件，它一方面保证排架的稳定，另一方面承托墙身的重量，墙身是厂房的围护结构。

厂房除上述 6 个组成部分以外，还有门窗、吊车止冲装置、消防梯、作业梯等。

（2）工业构筑物

一般指为建筑物配套服务的构造设施，如水塔、烟囱、各种管道支架、冷却塔、水池等。其组成部分一般均少于 6 部分，且不是直接为生产使用。

2. 工业建筑工程的基本名词术语

为了做好工业建筑工程施工的测量放线，必须了解以下有关名词术语：

（1）柱距：指单层工业厂房中两条横线之间即两排柱子之间的距离，通常柱距以 6m 为基准，有 6、12 和 18m 之分。

（2）跨度：指单层工业厂房中两条纵向轴线之间的距离，跨度在 18m 以下时，取 3m 的倍数，即 9、12、15m 等。

（3）厂房高度：单层工业厂房的高度是指柱顶高度和轨顶高度两部分。柱顶高度是从厂房地面至柱顶的高度，一般取 300mm 的倍数。轨顶高度是从厂房地面至吊车轨顶的高度，一般取 600mm 的倍数（包括有 ±200mm 的误差）。

3. 确定厂房定位轴线的原则

厂房的定位轴线与本章第（一）节所讲民用建筑定位轴线基本相同，也有纵向、横向之分。

（1）横向定位轴线决定主要承重构件的位置

其中有屋面板、吊车梁、连系梁、基础梁以及纵向支撑、外墙板等。这些构件又搭放在柱子或屋架上，因而柱距就是上述构件的长度。横向定位轴线与柱子的关系，除山墙端部排架柱及横向伸缩外柱以外，均与柱的中心线重合。山墙端部排架柱应从轴线向内侧偏移 500mm。横向变形缝处采用双柱，柱中均与定位轴线相距 500mm。横向定位轴线通过山墙的里皮（抗风柱的外皮），形成封闭结合。

（2）纵向定位轴线与屋架（屋面架）的跨度有关

同时与屋面板的宽度、块数及厂房内吊车的规格有关。纵向定位轴线在外纵墙处一般通过柱外皮即墙里皮（封闭结合处理）；纵向定位轴线在中列柱外通过柱中；纵向定位轴线在高低跨处，通过柱边的叫封闭结合，不通过柱边的叫非封闭结合。

（3）封闭结合与非封闭结合

纵向柱列的边柱外皮和墙的内缘，与纵向定位轴线相重合时，叫封闭结合。纵向柱列的边柱外缘和墙的内缘，与纵向定位轴线不重合时，叫非封闭结合。轴线从柱边向内移动的尺寸叫联系尺寸，用"D"表示，其数值为150、250、500mm。

（4）插入距的概念

为了安排变形缝的需要，在原有轴线间插入一段距离叫插入距。

封闭结合时，插入距（A）＝墙厚（B）＋缝隙（C）。非封闭结合时，插入距（A）＝墙厚（B）＋缝隙（C）＋联系尺寸（D）。关于插入距在纵向变形缝、横向变形缝处的应用，可参阅有关图形。

（三）市政工程的基本知识

1. 城市道路的特点

（1）城市道路与公路以城市规划区的边线分界。城市道路是根据1990年4月1日实施的《中华人民共和国城市规划法》按照城市总体规划确定的道路类别、级别、红线宽度、横断面类型、地面控制高程和交通量大小、交通特性等进行设计，以满足城市发展的需要。

（2）城市道路的中线位置，一般均由城市规划部门按城市测量坐标确定。道路的平面、纵断面、横断面应相互协调。道路高程、路面排水与两侧建筑物要配合。设计中应妥善处理各种地下管线与地上设施的矛盾，贯彻先地下后地上的原则，避免造成反复开挖修复的浪费。

（3）道路设计应处理好人，车，路，环境之间的关系。主要节约用地、合理拆迁、妥善处理文物、名胜、古迹等。还应考虑残疾人的使用要求。

2. 城市道路中的基本名词术语

为了做好城市道路与公路工程施工测量放线，必须了解以下有关的名词术语：

（1）车行道（行车道）与车道：道路上供汽车行驶的部分，在车行道上供单一纵列车辆行驶的部分；

（2）路肩：位于公路车行道外缘至路基边缘，具有一定宽度的带状部分（包括硬路肩与土路肩），为保证车行道的功能和临时停车使用，并作为路面的横向支承；

（3）路测带：位于城市道路外侧缘石的内缘与建筑红线之间的范围，一般为绿化带及人行道部分；

（4）路幅：由车行道、分幅带和路肩或路测带等组成的道路横断范围，对城市道路而言即为两侧建筑红线范围之内；

（5）路基、路堤与路堑：按照路线位置和一定技术要求修筑的作为路面基础的带状构造物叫路基；高于原地面的填方路基叫路堤，低于原地面的挖方路基叫路堑；

（6）边坡、护坡与挡土墙：为保证路基稳定，在路基两侧做成的具有一定坡度的坡面叫边坡；路堤的边坡由于是填方、一般缓于1：1.5，而路堑的边坡由于是挖方、一般陡于1：1.5；为防止边坡受冲刷，在坡面上所做的各种铺砌和栽植叫做护坡；为防止路基填土或山坡岩土坍塌而修筑的、承受土体侧压力的墙式挡土构造物叫挡土墙，用以保证边坡的稳定性；

（7）路面结构层：构成路面的各铺砌层，按其所处的层位和作用，主要有面层、基层及垫层；

（8）交通安全设施：为保障行车和行人的安全，充分发挥道路的作用，在道路沿线所设置的人行地道、人行天桥、照明设备、护栏、杆柱、标志、标线等设施。

三、工程测量的基本知识

（一）工程测量的基本内容

1. 工程测量的任务与作用

无论是建筑工程测量，还是市政工程测量均分两期进行。

（1）设计测量

将拟建地区的现状（包括地物、地貌）测出，其成果用数字表示或按一定的比例缩绘成平面图，作为工程规划、设计的依据，这期叫做设计测量或地形测绘。

（2）施工测量

将设计图上规划、设计的建筑物、构筑物、按设计与施工的要求，测设到地面上预定的位置，作为工程施工的依据，这期叫做施工测量或施工放线。

2. 工程施工测量的任务与作用

建筑工程施工测量与市政工程施工测量均分 4 阶段进行。

（1）施工准备阶段

校核设计图纸与建设单位移交的测量点位、数据等测量依据。根据设计与施工要求编制施工测量方案，并按施工要求进行施工场地及暂设工程测量。

根据批准后的施工测量方案，测设场地平面控制网与高程控制网。场地控制网的坐标系统与高程系统应与设计一致。

（2）施工阶段

根据工程进度对建筑物、构造物定位放线、轴线控制、高程抄平与竖向投测等，作为各施工阶段按图施工的依据。

在施工的不同阶段、做好工序之间的交接检查工作与隐藏工程验收工作，为处理施工过程中出现的有关工程平面位置、高程和竖直方向等问题提供实测标志语数据。

（3）工程竣工阶段

检验工程各主要部位的实际平面位置、高程和竖直方向及相关尺寸，作为竣工验收的依据。工程全部竣工后，根据竣工验收资料，编绘竣工图，作为工程验收与运行、管理的依据。

（4）变形观测

对设计与施工制定的工程部位，按拟定的周期进行沉降、位移与倾斜等变形观测，作为验收工程设计与施工以及施工质量的依据。

（二）地面点位的确定

1. 测量工作的实质与确定地面点位的基本要素

（1）测量工作的实质是确定点的位置

即平面相对位置或决定位置（y，x）与高差（h）或高程（H）。

（2）确定地面点位的基本要素

水平角（B）、水平距离（D）、与高差（h）（或斜距离 D' 与竖直角 O）。传统的测量方法是根据已知点位的平面位置（$y_{已}$，$x_{已}$）及其高程（$H_{已}$），测出已知点至各欲求点位间的水平角（B）、水平距离（d）及其间的高差（h），推算出各欲求点位的平面位置（y_i：x_i）与高程（H_i）。但自全站仪问世以来，由于它可以同时测出水平角、斜距离与竖直角，并通过仪器中的电脑程序算出所需要的测量结果，因此，极大地提高了工作效率。在当前的施工测量放线中，全站仪主要用于场地控制测量和主要点位的放线工作，而水准仪测高差、经纬仪测水平角及用钢尺量距还是现场放线中的基本操作，因此必须熟练掌握基本功。

2. 大地水准面、"1985 国家高程基准"

为了表示全国、全球性的高低，用占全球表面 71％ 的海水面作基准面是合适的。

（1）大地水准面：平均静止的海水面，作为统一高程（标高）的起算面。

（2）"1985 国家高程基准"：我国 1987 年规定，以青岛验潮站 1952 年 1 月 1 日～1979 年 12 月 31 日所测定的黄海平均海水面作为全国高程的统一起算面。并推测得青岛观象山上国家水准原点的高程为 72.260m，从此全国各地的高程则以它为基准进行测算。原 1950 年 1 月 1 日～1956 年 12 月 31 日所测定的 1956 年黄海高程系统（水准原点高程为 72.289m）停止使用，但有些地方的旧资料中的高程仍为 1956 年黄海高程系统，这一点要特别注意。

3. 高程（H）、相对高程（H'）与高差（h）、坡度（i）

（1）绝对高程（H）　地面上一点到大地水准面的铅垂距离。如图 3-1 中 A 点、B 点的绝对高程分别是 $H_A = 44\text{m}, H_B = 78\text{m}$。

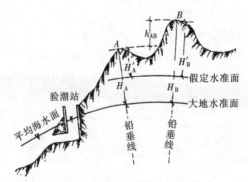

图 3-1　绝对高程与相对高程

（2）相对高程（H'）地面上一点到假定水准面的铅垂距离。见图 3-1 中 A 点、B 点的相对高程为 $H'_A = 24\text{m}, H'_B = 58\text{m}$

在建筑工程中，为了对建筑物整体高程定位，均在总图上标明建筑物首层地面的设计绝对高程。此外，为了方便施工，在各种施工图中采用相对高程±0.000。假定水准面以上高程为正值；假定水准面以下高程为负值。例如：某建筑首层地面相对高程为

$H' = \pm 0.000$，室外散水相对高程为 $H'_{散} = -0.600\text{m}$，室外热力管沟底的相对高程 $H'_{沟} = -1.700\text{m}$，二层地面相对高程为 $H'_{二层} = +2.900\text{m}$。

（3）已知相对高程（H'）计算绝对高程（H），则 P 点绝对高程 $H_P = P$ 点相对高程 $H'_P + (\pm 0.000)$ 的绝对高程 H_0。

如上题中某建筑物的相对标高：室外散水 $H'_{散} = -0.600\text{m}$、室外热力管沟底 $H'_{沟} = -1.700\text{m}$ 与二层地面 $H''_{二层} = +2.900\text{m}$，其绝对高程（$H$）分别为：

$$H'_{散} = H'_{散} + H'_0 = -0.600\text{m} + 44.800\text{m} = 44.200\text{m}$$

$$H'_{沟} = H'_{沟} + H'_0 = -1.700\text{m} + 44.800\text{m} = 43.100\text{m}$$

$$H_{二层} = H'_{二层} + H'_0 = +2.900\text{m} + 44.800\text{m} = 47.700\text{m}$$

（4）已知绝对高程（H）计算相对高程（H'）则 P 点相对高程 $H' = P$ 点绝对高程 $H_P - (\pm 0.000)$ 的绝对高程 H_0。

如计算上述某建筑物外 25.000m 处路面绝对高程 $H'_{路} = 43.700\text{m}$，其相对高程为：

$$H'_{路} = H\ 路 - H_0 = 43.700\text{m} - 44.800\text{m} = -1.100\text{m}$$

（5）高差（h）　两点间的高程差。若地面上 A 点与 B 点的高程 $H_A = 44\text{m}$（$H'_b = 58\text{m}$）均已知，则 B 点对 A 点的高差 $h_{AB} = H_B - H_A = 78\text{m} - 44\text{m} = 34\text{m} = H'_B - H'_A = 58\text{m} - 24\text{m} = 34\text{m}$

h_{AB} 的符号为正时，表示 B 点高于 A 点；符号为负时，表示 B 点低于 A 点。

（6）坡度（i）一条直线或一个平面的倾斜程度，一般用 i 表示。水平线或水平面的坡地等于零（$i=0$），向上倾斜叫升坡（＋）、向下倾斜叫降坡（－）。

4. 地面上的基本方向——子午线

子午线

即南北线，分为真子午线、磁子午线与坐标子午线三种。

（1）真子午线，过地面上一点指向地球南、北极的方向线。

（2）磁子午线，过地面上一点磁针所指的方向线。

（3）坐标子午线，与过测区坐标原点的真子午线平行的方向线。

5. 直线方向的表示方法——方位角（φ）

（1）方位角（φ）　由子午线北端顺时针方向量到直线的夹角，用以表示该直线的方向。正北的方位角为 0°，正东、正南、正西的方位角分别为 90°、180°、270°，正西北的方位角为 315°。

（2）正方位角与反方位角　一条直线起端的方位角叫做该直线的正方位角，用 $\phi_{正}$ 表示；直线终端的方位角叫做该直线的反方位角，用 $\phi_{反}$ 表示；两者的关系是：$\phi_{正} = \phi_{反} \pm 180°$。如直线 AB 的正方位角 $\phi_{AB} = 35°$，则其反方位角 $\phi_{BA} = 215°$；直线 BC 的正方位角 $\phi_{BC} = 320°$，则其反方位角 $\phi_{CB} = 140°$。

6. 平面直角坐标系与数学坐标系

图 3-2（a）、（b）分别为测量平面直角坐标系与数学平面直角坐标系，两者有三点不同：

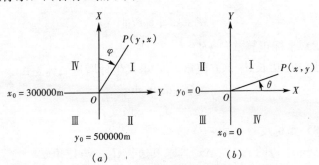

图 3-2　测量坐标系与数学坐标系

(a) 测量坐标系；(b) 数学坐标系

（1）测量直角坐标系是以过原点的南北线即子午线为纵坐标轴，定位 X 轴；过原点东西线为横坐标轴，定位 Y 轴。

（2）测量直角坐标系是以 X 轴正向为始边，顺时针方向转定方位角（φ）及 Ⅰ、Ⅱ、Ⅲ、Ⅳ 象限。

（3）测量直角坐标系原点 O 的坐标（y_0，x_0）多为两个大正整数，如北京城市测量坐标原点的坐标 $y_0 = 500000\text{m}$，

$x_0 = 300000\text{m}$。

7. 增量（Δy、Δx）、坐标正算（$P \rightarrow R$）与坐标反算（$R \rightarrow P$）

（1）坐标增量（Δy、Δx）

ij 直线的终点 j（y_j、x_j）对起点 i（y_j、x_j）的坐标差（Δy_{ij}、Δx_{ij}）。如图 3-3 所示：

$$\Delta y_{ij} = y_j - y_i \qquad \Delta x_{ij} = x_j - x_i$$

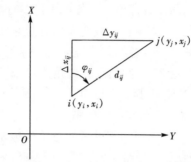

图 3-3　坐标增量

（2）坐标正算（$P \rightarrow R$）

已知 ij 边长 d_{ij}、方位角 φ_{ij}，求其坐标增量 Δy_{ij}、Δx_{ij}

$$\begin{cases} \Delta y_{ij} = d_{ij} \cdot \sin\varphi_{ij} \\ \Delta x_{ij} = d_{ij} \cdot \cos\varphi_{ij} \end{cases} \tag{3-1}$$

（3）坐标反算（$R \rightarrow P$）

已知 ij 边的 Δy_{ij}、Δx_{ij}，求其边长 d_{ij}、方位角 φ_{ij}

$$\begin{cases} d_{ij} = \sqrt{(\Delta y_{ij})^2 + (\Delta x_{ij})^2} \\ \varphi_{ij} = \arctan \dfrac{\Delta y_{ij}}{\Delta x_{ij}} \end{cases} \tag{3-2}$$

φ 值的确定见表 3-1。

方位角所在象限的确定　　　　　　　　表 3-1

Δy	$+$	$+$	$-$	$-$
Δx	$+$	$-$	$-$	$+$
象限	I	II	III	IV
φ	$0° \sim 90°$	$90° \sim 180°$	$180° \sim 270°$	$270° \sim 360°$

46

（三）地球的形状、大小和坐标系

1. 地球的形状与大小

地球的自然表面是起伏不平、极其复杂的。要表述这样一个复杂表面上各个点的位置，就要选择一个基准面作依据。由于地球表面上海洋的面积约占 71%，而海水面有涨有落，所以人们把平均静止的海水面作为唯一的基准面，即大地水准面。用大地水准面所围成的形体表示地球的形状大小，叫大地体。大地水准面的特点是面上各点处处与铅垂线成正交的曲面，由于地球内部物质分布不均匀，致使大地水准面虽表面光滑，但整体的几何形状是不规则的复杂曲面。如图 3-4。为了方便表述和计算，选用一个非常接近大地水准面、能用数学公式表示的几何形体来建立一个投影面。这个数学形体是以地球自转轴 NS 为短轴的椭圆 NESW 绕 NS 旋转而成的椭球体，也叫做地球椭球体，如图 3-4（b）所示。

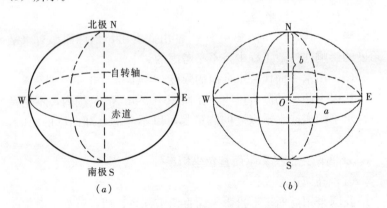

图 3-4　地球的形状

（a）地球自然表面；（b）地球椭球体

决定地球椭圆体形状大小的参数为椭圆的长半径 a 和短半径 b，和另一个参数——扁率 a 等于 $a-b$ 除以 a。随着近代人造卫星的观测，到目前为止，已知其精确值为：

$$a = 6378137\text{m} \pm 2\text{m}$$

$$b = 6356752.3142\text{m}$$

$$a = (a - b)/a = 1/298.257$$

2. 当测区面积较小时可以用水平面代替水准面

（1）水准面的曲率对水平距离的影响公式为：

$$\frac{\Delta S}{S} = \frac{1}{3} \left(\frac{S}{R} \right)^2 \tag{3-3}$$

式中　ΔS——为用切线 AC 代替圆弧 AB（$=S$）所产生的误差。R 为地球半径。

（2）水准面的曲率对水平角度的影响

在球面三角学中，球面上一多边形投影的各内角之和比其在水平面上投影的各内角和要大一个球面角 e 的数值，其公式：

$$\varepsilon'' = \rho'' \frac{A}{R^2}$$

式中　ρ''——以秒计的弧度；

　　　A——地面多边形的面积；

　　　R——地球半径。

当 $A = 100\text{km}^2$ 时，$\varepsilon'' = 0.51''$；由此看出，地球曲率对水平角度的影响在一般工程中是不必考虑的。

（3）用水平面代替水准面的限度

从以上两项的分析说明，在面积 100km^2 的范围内，不论是进行水平距离或水平高度的测量都可以不考虑地球曲率的影响，而直接以水平面代替水准面。

3. 高斯正形投影平面直角坐标系

（1）高斯正形投影

我国采用高斯正形投影平面直角坐标系，所以该坐标系也叫国家统一坐标系。

如前所述，当测区范围较小时可以把地球表面当作平面看待，即以水平面代替水准面。如果测区范围较大，如国家控制点测量、国家基本图测绘等，就不能再将球面看作平面，必须把地球上的图形采用适当的方法投影到平面上，将球面上的图形投影到平面上，不能发生各种形变。

为减少投影的变形，并顾及椭球面上大地坐标与平面直角坐标的换算，我国采用世界上通用的 $6°$ 带和 $3°$ 带的高斯正形投影，又叫椭圆柱投影。这个方法的理论由高斯建立，而由克吕格研究改进，所以叫高斯——克吕格投影。高斯正形投影式按带进行的。

在中央子午线上的边长和方向均无变形。离中央子午线愈远，地球表面上的一切边长和方向的变形也愈大。

（2）投影地带的划分

通常投影是按 $6°$ 带和 $3°$ 带的统一分带的，即可以通过格林尼治天文台的子午线为 $0°$ 开始的，自西向东每隔 $6°$ 或 $3°$ 作为一个投影带，并依次给以 1、2、……、n 的带号，每一带两侧边界子午线叫做分界子午线。

$3°$ 带的中央子午线，一半与 $6°$ 带的中央子午线重合，一半是 $6°$ 带的分界子午线。$6°$ 带与 $3°$ 带的分带编号如图 3-5 所示：

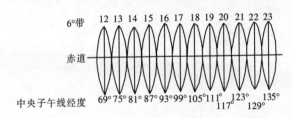

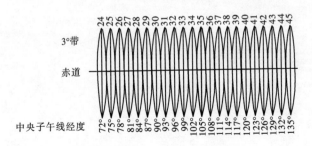

图 3-5　$6°$ 带与 $3°$ 带的分带编号

（3）高斯平面坐标

在每一投影内，高斯平面坐标系：中央子午线与赤道的交点为坐标原点；主子午线即 X 轴，x 值由赤道向北为正，南为负；赤道即 Y 轴，y 值为主子午线以东为正，西为负。

（4）国家统一坐标系

在高斯平面坐标中，为了使横坐标恒为正，在算得的 y 值上总要加上 500km 常数，并在其前冠以所属带号，这样的坐标系叫国家统一坐标系。例如北京市某三角点的 y＝441922.188－500000＝ －38077.812m，故在应用国家三角点的横坐标进行高斯平面坐标与大地坐标系换算时应先去掉带号并减去 500km。

四、有关施工测量的法规和管理工作

（一）根据测绘法规定，本教材依据的有关测量规范、规程和准则

1. 《工程测量规范》GB 50026—2007

本规范对《工程测量规范》TJ 26—1993 进行修订而成。该规范共 9 章 40 节及 7 个附录。各章标题是：1. 总则；2. 术语和符号；3. 平面控制测量；4. 高程控制测量；5. 地形测量；6. 线路测量；7. 地下管线测量；8. 施工测量；9. 竣工总图的编绘与实测；10. 变形监测。

本规范的使用范围是：城镇、工矿企业、交通运输和能源等工程建设中的勘察、设计、施工以及生产阶段的通用性测绘工作。其内容包括控制测量、采用非摄影测量方法的 1：5000～1：500 比例尺测图、线路测量、绘图与复制、施工测量、竣工总图编绘与实测和变形测量。

本规范内容广泛，适合一般工程测量。

2. 《城市测量规范》CJJ/T 8—2011

本规范是对《城市测量规范》CJJ 8—1999 进行修订而成。该规范共 10 章 69 节及 15 个附录。各章标题是：1. 总则；2. 城市平面控制测量；3. 城市高程控制测量；4. 城市地形测量；5. 城市航空摄影测量；6. 城市地籍测量；7. 城市工程测量；8. 数字化成图；9. 城市地图制图；10. 城市地图制印。

本规范适用范围是：城市规划、城市地籍管理和城市各项建设工种的勘测、设计、竣工以及城市管理的通用性测绘工作。其内容包括 1：2000～1：500 比例尺地形图测绘。本

规范的内容是围绕城市建设需要的测绘工作，故与城市中的工业与民用建筑工程、市政基础设施工程等有着密切关系。因此，读者应了解和掌握城市测量规范中与自己专业有关的章节内容。

3. 测量放线工作的基础准则

（1）认真学习与执行国家法令、政策与规范，明确为工程服务，对按图施工与工程进度负责的工作目的。

（2）遵守先整体后局部的工作程序，即先测设精度较高的场地整体控制网，再以控制网为依据进行各局部建筑物定位、放线。

（3）严格审核测量起始依据的正确性，坚持测量作业与计算工作步步有校核的工作方法。测量起始依据应包括：设计图纸、文件、测量起始点、数据和测量和仪器、量具的计量检定正确性等。

（4）测法要科学、简捷，精度要合理、相称的工作原则，仪器选择要适当，使用要精心，在满足工程需要的前提下，力争做到省工、省时、省费用。

（5）定位、放线工作必须执行经自检、互检合格后，由有关主管部门验线的工作制度，还应执行安全、保密等有关规定，用好、管好设计图纸与有关资料，实测时要当场做好原始记录，测后要及时保护好桩位。

（6）紧密配合施工，发扬团结协作、不畏艰难、实事求是、认真负责的工作作风。

（7）虚心学习、及时总结经验，努力开创新局面的工作精神，以适应建筑业不断发展的需要。

4. 测量验线工作的基本准则

（1）验线工作应主动预控：验线工作要从审核施工测量方案开始，在施工的各主要阶段前，均应对施工测量工作提出预防性的要求，以做到防患于未然。

（2）验线的依据应原始、正确、有效：主要是设计图纸、变更洽商与定位依据点位（如红线桩、水准点风）及其数据（如坐标、高程等）要原始、最后定案有效并正确的资料，因为这些是施工测量的基本依据，若其中有误，在测量放线中多是难以发现的，一旦使用后果不堪设想。

（3）仪器与钢尺必须按计量法有关规定进行检定和检校。

（4）验线的精度应符合规范要求，主要包括：

1）仪器的精度应适应验线要求，有检定合格证并校正完好；

2）必须按规程作业，观测误差必须小于限差，观测中的系统误差应采取措施进行校正；

3）验线成果应先行附合（或闭合）校核。

（5）验线工作必须独立，尽量与放线工作不相关，主要包括：

1）观测人员；

2）仪器；

3）测法及观测路线等。

（6）验线部位：应为关键环节与最弱部位，主要包括：

1）定位依据桩及定位条件；

2）场区平面控制网、主轴线及其控制桩（引桩）；

3）场区高程控制网及±0.000高程线；

4）控制网及定位放线中的最弱部位。

（7）验线方法及误差处理：

1）场区平面控制网与建筑物的定位，应在平差计算中评定其最弱部位的精度，并实地检测，精度不符合要求时应重测；

2）细部测量，可用不低于原测量放线的精度进行检测，验线成果与原放线成果之间的误差应按以下原则处理：

① 两者之差小于 $1/\sqrt{2}$ 限差时，对放线工作评为优良；

② 两者之差略小于或等于 $\sqrt{2}$ 限差时，对放线工作评为合格（可不改正放线成果，或取两者的平均值）；

③ 两者之差超过 $\sqrt{2}$ 限差时，原则上不予验收，尤其是要害

部位，若次要部位可令其局部返工。

5. 测量记录的基本要求

《施工测量规程》中规定：

（1）测量记录的基本要求：原始真实、数字正确、内容完整、字体工整。

（2）记录应填写在规定的表格中，开始应先将表头所列各项内容填好，并熟悉表中所列各项内容与相应的填写位置。

（3）记录应当场及时填写清楚，不允许先记在草稿纸上后转抄誊清，以防转抄错误，保持记录的"原始性"。采用电子记录手簿时，应打印出观测数据。记录数据必须符合法定计量单位。

（4）字体工整、清楚，相应数字及小数点应左右成列、上下成列、一一对齐。记错或算错的数字，不准涂改或擦去重写，应将错数画一斜线，将正确数字写在错数的上方。

（5）记录中数字的位数应反映观测精度，如水准读数应读至mm，若某读数为 1.33m 时，应记为 1.330m，不应记为 1.33m。

（6）记录过程中的简单计算，应现场及时进行如取平均值等，并做校核。

（7）记录人员应及时校对观测所得到的数据根据所测数据与现场实况，以目估法及时发现观测中的明显错误，如水准测量中读错整米数等。

（8）草图、点之记图应当场勾绘方向、有关数据和地名等应一并标注清楚。

（9）注意保密：测量记录多有保密内容，应妥善保管，工作结束后，应上交有关部门保存。

6. 测量计算的基本要求

（1）测量计算工作的基本要求：依据正确、方法科学、计算有序、步步校核、结果可靠。

（2）外业观测成果是计算工作的依据：计算工作开始前，应附外业记录、草图等，认真仔细地逐项审阅与校核，以便熟悉情况并及早发现与处理记录中可能存在的遗漏、错误等问题。

（3）计算过程一般均应在规定的表格中进行，按外业记录在计算表中填写原始数据时，严防抄错，填好后应换人校对，以免发生转抄错误。这一点必须特别注意，因为抄错原始数据，在以后的计算校核中是无法发现的。

（4）计算中，必须做到步步有校核，各项计算前后联系时，前者经校核无误，后者方可开始。校核方法以独立、有效、科学、简捷为原则选定，常用的方法有5种：

1）复算校核：将计算重做一遍，条件许可时，最好换人校核，以免因习惯性错误而"重蹈覆辙"使校核失去意义；

2）总和校核：例如水准测量中，终点对起点的高差，应满足如下条件：$\Sigma_h = \Sigma_a - \Sigma_b = H_{终} - H_{始}$

3）几何条件校核：例如闭合导线计算中，调整后的各内角之和应满足如下条件：$\Sigma\beta_{理} = (n-2) \cdot 180°$

4）变换计算方法校核：例如坐标反算中按公式计算和计算器程序计算两种方法；

5）概略估算校核：在计算之前，可按已知数据与计算公式，预估结果的符号与数值，此结果虽不可能与精确计算之值完全一致，但一般不会有很大差异，这对防止出现计算错误至关重要；

6）计算校核一般只能发现计算过程中的问题，不能发现原始依据是否有误。

7）计算中所用数字应与观测精度相适应：在不影响成果精度的情况下，要及时合理地删除多余数字，以提高计算速度。删除多余数字时，宜保留到有效数字后一位，以使最后成果中有效数字不受删除数字的影响，删除数字应遵守"四舍、六入、整五凑偶（即单进、双舍）"的原则。

五、水 准 测 量

（一）水准测量原理

1. 水准读数

水准测量的基本要求是水准仪提供的视线必须水平，视线水平时在水准尺上的读数叫水准读数。

（1）后视读数（a）：水准仪在已知高程点上水准尺的水准读数；

（2）前视读数（b）：水准仪在欲求高程点上水准尺的水准读数；

（3）水准读数的大小：当视线水平时，立尺点越低，则该点上的水准读数越大；反之，立尺点高、其上水准读数就越小。

2. 水准测量公式

如图 5-1 所示：M 点的已知高程为 H_M，N 点的欲求高程为 H_N，a 为后视读数，b 为前视读数，H_i 为水平视线高程叫做视线高。

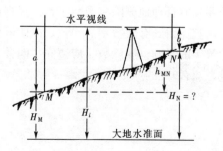

图 5-1　水准测量原理

（1）视线高法公式

$$\begin{cases} H_i = H_M + a \\ H_N = H_i - b \end{cases} \tag{5-1}$$

即：视线高＝M点已知高程＋后视读数；N点欲求高程＝视线高－前视读数

（2）高差法公式

$$\begin{cases} h_{MN} = a - b \\ H_N = H_M + h_{MN} \end{cases} \tag{5-2}$$

即：高差＝后视读数－前视读数；N点欲求高程＝M点已知高程＋高差

例题： M点已知高程 $H_M = 43.714m$，M点上的后视读数 $a = 1.672m$，N点上的前视读数 $b = 1.102m$，用两种公式计算 N点欲求高程 H_N 的值。

解：（1）视线高法：$H_i = H_M + a = 43.714 + 1.672 = 45.386m$

$H_N = H_i - b = 45.386 - 1.102 = 44.284m$

（2）高差法：$h_{MN} = a - b = 1.672 - 1.102 = 0.570m$ $H_N = H_M + h_{MN} = 43.714 + 0.570 = 44.284m$

两种算法结果一致。前者用于安置一次仪器测多个点高程。

（二）普通水准仪的基本构造和操作

1. 水准仪分类

（1）按精度分

根据 2009 年 12 月 1 日实施的国家标准《水准仪》GB/ T 10156—2009 规定我国水准仪分为 3 级。高精密水准仪（SO2，SO5）、精密水准仪（S1）于普通水准仪（S1.5～S4）。精密水准仪在施工测量中，多用于沉降观测，普通水准仪是施工测量常使用的。我国水准仪系列及其基本参数如表 5-1（SX—S 为水准仪代号，X 为往返观测高差平均值的误差，单位"mm"）。

我国水准仪系列的等级及其基本规格参数

GB/T 10156—2009 表 5-1

参 数 名 称		单位	高精密	精 密	普 通
1km 往返水准测量中误差（标准偏差）		mm	0.2～0.5	1.0	1.5～4.0
望远镜	放大率 V	倍数	＞(42～38)	＞(38～32)	＞(32～20)
	物镜有效孔径 D	mm	＞(55～45)	＞(45～40)	＞(40～30)
水准泡角值	符合式水准管	(")/2mm	10		20
	圆水准盒	(')/2mm	4	8	
自动安平补偿性能	补偿范围	(')	±8		
	安平时间	s	2		
主要用途			国家一等水准测量地震水准测量	国家二等水准测量其他精密水准测量	国家三、四等水准测量一般工程水准测量

（2）按构造分

微倾水准管水准仪、光学自动安平（补偿）水准仪与电子自动安平水准仪。微倾水准仪是 20 世纪 40～50 年代由长筒望远镜的定、活镜 Y 式水准仪改进而成的常用仪器（又分倒像与正像两代），现已趋于淘汰；光学自动安平水准仪是 20 世纪 50 年代以来发展起来的，是目前工程测量中使用最多的仪器；电子水准仪是 20 世纪 90 年底以后在自动安平水准仪的基础上实现自动调焦、数字显示的近代新产品，目前属于精密仪器。

2. S3 级微倾水准仪的基本构造

（1）S3 级微倾水准仪由望远镜、水准器与基座三部分组成，如图 5-2 所示。

1）望远镜：包括物镜及物镜对光螺旋、十字线分划板、目镜及目镜对光螺旋；

2）水准仪：包括水准盒、水准管及微倾螺旋；

3）基座：包括底座、定平螺旋、地板等。

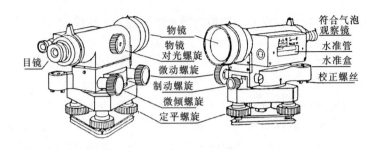

图 5-2 S3 倒像微倾水准仪构造图

（2）主要轴线如图 5-3 所示，

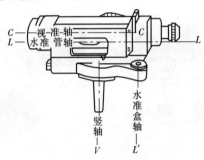

图 5-3 微倾水准仪轴线关系

1）视准轴（CC）十字线中央交点与物镜光心的连接；

2）水准管轴（LL）过水准管零点 O 与水准管纵向圆弧的切线；

3）水准盒轴线（L'L'）通过水准盒零点 O' 的球面发线；

4）竖轴（VV）望远镜水平转动时的几何中心轴。

（3）各轴线间应具备的几何关系

1）L'L'//VV 当定平螺旋定屏水准盒时，仪器竖轴处于概略铅直位置；

2）LL//CC 当用微倾螺旋定平水准管时，视准轴才能处于水平位置，这时水准仪才能提供水平视线。

3. 光学自动安平水准仪的基本构造与工作原理

自动安平水准仪也叫自动补偿水准仪，它是在微倾水准仪的基础上，借助自动安平补偿器获得水平视线的水准仪。

（1）基本构造

其构造是在微倾水准仪上，取消了水准管与微倾螺旋，但增设了补偿器。当望远镜视线有微量倾斜时，补偿器在重力作用下，对望远镜做相对移动，从而能自动、迅速地获得视线水平的水准尺读数。但补偿器的补偿范围一般为 $\pm 8'$ 左右。因此，在使用自动安平水准仪时，要先定水准盒，使望远镜处于概略水平。

图5-4为北京光学仪器厂生产的两种自动安平水准仪。

图5-4　两种自动安平水准仪

（2）工作原理

当望远镜视线水平时，与物镜光心同高的水准尺上物点 P 构成的像点 Z_0 应落在十字线交点 z 向上移动，但像点 Z_0 仍在原处这样即产生一读数差 Z_0Z。当 α 很小时可以认为 Z_0Z 的间距为 $\alpha \cdot f'$（f' 为物镜焦距0），这时可以在光路中 K 点装一补偿器，使光线产生曲折角 φ_0，在满足 $\alpha \cdot f' = \varphi_0 \cdot S_0$（$S_0$ 作为补偿器至十字线中心的距离，即 K_z）的条件下，像 Z_0 就落在 z 点上；或使十字线自动对仪器做反方向摆动，十字线交点 Z 落在 Z_0 点上。如光路中不采用光线屈折而采用平移时，只要平移量等于 Z_0Z，则十字交点 Z 落在像点 Z_0 上，也同样能达到 Z_0 和 Z 重合的目的。自动安平仪补偿器按结构可分为活动十字线和挂棱等多种。补偿装置都有一个"摆"，当望远镜视线略有倾斜时，补偿元件将产生摆动，为使"摆"的摆动能尽快的得到稳定，必须装一空气阻尼器或磁力阻尼器。这种仪器较微倾水准仪功效高，精度稳定，尤其在多风和气温变化大的情况下作业，效果更为显著。

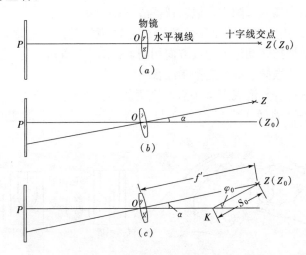

图 5-5　自动安平水准仪的工作原理

（3）自动安平水准仪的操作

光学自动安平水准仪自 20 世纪 50 年代问世以来，制造技术不断完善成熟，现已较全面地代替了微倾水准仪。施测中，安置仪器定平水准盒，照准目标消除视差后，即可用十字线读数。现代的自动安平水准仪的望远镜均为正像，观测时要注意使用正字水准尺。自动安平水准仪也需要经常检校视准轴的正确性，方法与微倾水准仪的 $LL//CC$ 检校相同。

4. 水准仪的安置

主要是安好三脚架，定平水准盒，若使用微倾水准仪还要定平水准管。

（1）安好三脚架，定平水准盒

1）将仪器固定在三脚架上，使仪器高度适合操作者，并使三条腿一长（比短腿长 2～3m），两短；

2）将长腿插入土中，拉开两短腿，先用左脚踏实左侧短腿，左右前后摆动右侧短腿并踏实，使水准盒气泡居中；

3）在硬地面或水泥地面上安置仪器，至少要使三脚架的两个脚架尖插入缝隙中，以防仪器滑倒；

4）用定平螺旋定平水准盒的基本规律是：气泡移动方向，与左手拇指转动定平螺旋方向相同，如图 5-6 所示。

（2）微倾水准仪定平水准管

从符合气泡观察镜中看水准管气泡的影像，如图 5-7 所示。用右手转动微倾螺旋的方向与左侧符合气泡两端的影像准确吻合。

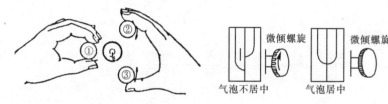

图 5-6　双手定平水准盒　　　图 5-7　微倾螺旋定平水准管

（3）微倾水准仪一次精密定平法

在施工测量中，经常需要安置一次仪器测量多个点的高程，为了减少微倾螺旋的操作，而采用"一次精密定平法"，其操作步骤如下：

1）在水准盒气泡居中时，将水准管平行与两个定平螺旋，转动微倾螺旋，使水准管气泡居中；

2）将望远镜平转 180°，若气泡不居中，则用定平螺旋与微倾螺旋各调整气泡偏差的一半，使水准管气泡居中；

3）将望远镜平转 90°，利用第三个定平螺旋使气泡居中，这样望远镜在任何方向时水准管气泡均居中（即视准轴在任何方向均处于水平位置）。

5. 水准仪的观测

水准仪的观测主要是正确进行望远镜的对光（调焦）与在水

准尺上准确读数。

（1）望远镜对光的步骤

1）目镜对光把望远镜对着明亮的背景，调节目镜对光螺旋，使十字线的成像达到最清晰。目镜对光与观测者的视力有关。

2）物镜对光照准目标后，调节物镜对光螺旋，使目标的成像落在十字丝平面上。物镜对光与目标远近有关。

3）消除视差所谓视差，即当用望远镜照准目标对光后，当眼睛靠近目镜上下微微晃动时，看到目标与十字丝也相对晃动（即目标成像的平面与十字丝平面不重合），这一现象叫视差，有视差影响照准精度。消除视差是在十字丝成像清晰的情况下，进一步调节物镜对光螺旋，使十字丝及观测目标的成像均很清晰。

（2）读水准尺的步骤

1）用望远镜上的缺口及准星（或瞄准器），镜外瞄准水准尺，旋紧制动螺旋。

2）从望远镜中观察目标，调节微倾螺旋，精确照准水准尺。调节目镜，物镜对光螺旋，消除视差。

3）微倾水准仪则用微倾螺旋精密定平水准管后，读取中线读数。依次读取米（m），分米（dm），厘米（cm）值，估读毫米（mm）值，读数以米（m）为单位。

4）读数后应检查符合气泡是否仍居中，若不居中，则应重新定平并重新读数。

（3）水准观测的要点

1）消除视差要清除；

2）平视线要水平；

3）快读数要小；

4）小估读毫米数要取小值；

5）检读数后要检查视线是否水平。

（三）水准测量和记录

1. 水准点 (BM)

由测绘部门，按国家规范埋设和测定的已知高程的固定点，作为在其附近进行水准测量时的高程依据，叫永久水准点。由水准点组成的国家高程控制网分四个等级。一、二等是全国布设，三、四等是它的加密网。在施工测量中为控制场区高程，多在建筑物角上的固定处设置借用水准点或临时水准点，作为施工高程依据。

2. 水准测站的基本工作

安置一次仪器，测算两点间的高差的工作是水准测量的基本工作。其主要工作内容是：

（1）安置仪器 安置仪器时尽量使前后视线等长，用三脚架与定平螺旋使水准盒气泡居中。

（2）读后视读数（a）将望远镜照准后视点的水准尺，对光消除视差，如用微倾水准仪则要用微倾螺旋定平水准管，读后视读数（a）后，检查水准管气泡是否仍居中。

（3）读前视读数（b）将望远镜照准前视点的水准尺，按读后视读数的操作方法读前视读数（b），注意不要忘记定平水准管。

（4）记录与计算 按顺序将读数记入表格中，经检验无误后，用后视读数（a）减去前视读数（b）计算出高差（$h=a-b$），再用后视点高程推算出前视点高程（或通过推算视线高求出前视点高程）。水准记录的基本要求是保持原始记录，不得涂改或誊抄。

3. 水准测量记录

如图 5-8 所示：有 BM1（已知高程 43.714m）向施工现场 A 点与 B 点引测高程后，又到 BM2（已知高程 44.332m）符合校测，填写记录表格，做计算校核与成果校核，若误差在允许范围内，应求出调整后的 A 点与 B 点高程，写在该点的备注中。

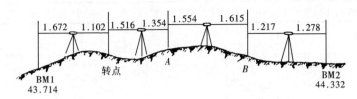

图 5-8　附合水准测量

（1）视线高差法记录

在表 5-2 中，使用视线高差法公式计算，即：视线高＝已知高程点＋后视读数　欲求点高程＝视线高－前视读数

在表 5-3 中，使用高差法公式计算，即：高差＝后视读数－前视读数　欲求点高程＝已知高程点＋高差

视线高差法水准记录表　　　　　　　　表 5-2

测点	后视（a）	视线高（H_i）	前视（b）	高程（H）	备　注
BM1	1.672	45.386		43.714	已知高程
转点	1.516	45.800	1.102	＋2 44.284	
A	1.554	46.000	1.354	＋4 44.446	44.450
B	1.217	45.602	1.615	＋6 44.385	44.391
BM2			1.278	＋8 44.385	已知高程
计算校核	$\sum_a = 5.959$　　$\sum_b = 5.349$　　$\sum_h = 0.610$				
成果校核	实测闭合差＝－8mm　允许闭合差＝±12 mm　精度合格，每站改正数＝＋2mm（逐站累积）				

测点	后视 (a)	前视 (b)	高差 (h)		高程 (H)	备 注
			+	−		
BM1	1.672				43.714	已知高程
			0.570			
转点	1.516	1.102			+2 44.284	
			0.162			
A	1.554	1.345			+4 44.446	44.450
				0.061		
B	1.217	1.615			+6 44.385	44.391
				0.061		
BM2		1.278			+8 44.324	已知高程 44.332
计算校核	$\Sigma_a = 5.959$ $\quad$ $\Sigma_b = 5.349$ $\quad$ $\Sigma_h = 0.610$					
成果校核	实测闭合差＝−8mm 允许闭合差＝±12mm 精度合格，每站改正数＝ +2mm（逐站累积）					

高差法水准记录表　　表 5-3

（2）一般工程水准测量的允许闭合差（Fh 允）

根据《工程测量规范》GB 50026—2007 或《高层建筑混凝土结构技术规程》JGJ 3—2010 规定：

1）$f_{h允} = \pm 20\sqrt{L}$ mm

2）$f_{h允} = \pm 6\sqrt{n}$ mm

式中　L——水准测量路线的总长（单位：km）；

　　　n——测站数。

（3）水准记录中的计算校核

1）计算校核公式：$\Sigma a - \Sigma b = \Sigma h = H_终 - H_始$

即：后视读数总和（Σa）减去前视读数总和（Σb），等于各段高差总和（Σh），也等于终点高程（$H_终$）减去起点高程（$H_始$）。如表 5-3 中"计算校核"栏。

2）在往返水准、闭合水准中，计算校核无误只能说明按表中数字计算没有错，不能说明观测、记录及起始点位及其高程均没有差错。

4. 水准高程引测中的要点

水准高程引测中连续性强，只要有一个环节出现失误就容易出现错误或造成返工重测。因此，施测中应注意以下几点：

（1）选好镜位：仪器位置要选在安全的地方，前后视线长要适当（一般 40～70m），安置仪器要稳定，防止仪器下沉和滑动，地面光滑时一定要将三脚架尖插入小坑或缝隙中。

（2）选好转点（ZD 或 TP）：在长距离水准测量中，需要分段施测时，利用转点传递高程，逐段测算出终点高程。它的特点是：既有前视读数，以求得其高程，又有后视读数，已将其高程传递下去。

选择转点首先要保证前后视线等长，点位要选在比较坚实又凸起的地方，或使用尺垫，以减少转点下沉。前后视线等长有以下好处：

1）抵消水准仪视准轴不水平产生的 i 角误差；

2）抵消弧面差与折光差；

3）减少对光，提高观测精度与速度。

（3）消除视差：十字线调清后，主要是用物镜对光使目标成像清晰，并消除视差。

（4）视线水平：照准消除视差后，使用微倾水准仪时，应精密定平水准管。

（5）读数准确：估读毫米数要准确、迅速，读数后要检查视线是否仍水平。

（6）迁站慎重：在未读转点前视读数前，仪器不得碰到或移动；转点在仪器未读好后视读数前，转点不得碰到或移动，否则均会造成返工。

（7）记录及时：每读完一个数，要立即做正式记录，防止记录遗漏或次序颠倒。

5. 立水准尺的要点

（1）检查水准尺：尤其使用塔尺时，要检查尺底及接口是否密合，使用过程中要经常检查接口有无脱落，尺底是否有污物或结冰；

（2）视线等长：立前视人要用步估后视点至仪器的距离，在用步估定出前视点位；

（3）转点牢固：防止转点变动或下沉，未经观测人员允许，不得碰动，否则返工；

（4）立尺铅直：立尺人要站正，以使尺身铅直，双手扶尺，手不遮尺面；

（5）起终点同用一尺：采取偶数站观测以使起终点用同一根尺，避免两尺"零点"不一致，影响观测成果。

（四）水准测量的成果校核

1. 水准测量的成果校核

水准测量成果校核方法有以下三种方法：

（1）往返测法：由一个已知高程点起，向施工现场欲求高程点引测，得到往测高差（h 往）后，再向已知点返回测得返测高差（h 返），当（h 往＋h 返）＜允许误差时，则可用已知点高程推算出欲求点高程。

（2）闭合测法：由一个已知点高程点起，按一个环线向施工现场欲求高程点引测后，又闭合回到起始的已知高程点，这种测法各段高差的总和应为零（即$\sum h = 0$），若不为零，其值就是闭合差。

（3）附合测法：由一个已知高程点起，向施工现场引测 A、B 点后，又到另一个已知高程点（BM4）附合校核，具体算法见本节第二点。

实测中最好不使用往返测法与闭合测法，因为这两种方法只以一个已知高程点为依据，如果这个点动了，高程错了或用错了点位，在计算最后成果中均无法发现。

2. 附合水准测量闭合差的计算与调整

如图 5-9 所示：为了向施工现场引测高程点 A 与 B，由

BM7（已知高程 44.027m）起，经过 6 站到 A 点，测得高差 h'_{AB} = −0.718m；为了符合校核，由 B 点经过 8 站到 BM4（已知高程 46.647m），测得高差 h'_{B4} = 2.004m，求实测闭合差，若误差在允许范围以内，对闭合差进行附合调整，最后求出 A、B 点调整后的高程。

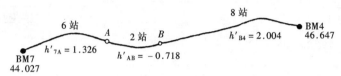

图 5-9　附合水准测量

（1）计算实测闭合差 f_c = 实测高差 h' − 已知高差 h　f_c = $(1.326−0.718+2.004)$ − $(46.647−44.027)$ = 2.612−2.620 = −0.008m

（2）计算实测闭合差 f_y = $\pm 6\sqrt{n}$ mm

$$f_y = \pm 6\sqrt{16} = \pm 24mm > f_c \text{ 精度合格}$$

（3）计算每站应加改正数 $v = -\dfrac{\text{闭合差}}{\text{测站数}}$

$$v = -\dfrac{-0.008}{16 \text{ 站}} = 0.0005m$$

（4）计算各段高差调整值 $h = h' + v \times n$　$h_{7A} = 1.326 + 0.0005 \times 6 = 1.329m$

$$h_{AB} = -0.718 + 0.0005 \times 2 = -0.717m$$
$$h_{B4} = 2.004 + 0.0005 \times 8 = 2.008m$$

计算校核：$\Sigma h = 1.329 − 0.717 + 2.008 = 2.620m$
$$\Sigma h = 2.612 + 0.008 = 2.620m$$

（5）推算各点高程　$H_A = 44.027 + 1.329 = 45.356m$
$$H_B = 45.356 + (−0.717) = 44.639m$$

计算校核：$H_4 = 44.639 + 2.008 = 46.647m$ 已知高程相同，计算无误。

在实际工作中为简化计算，而采取表 5-4 格式计算。

附合水准成果调整表 表 5-4

点　名	测站数	高　差 (h)			高程 (H)	备　注
		观测值	改正数	调整值		
BM7	6	+1.326	+0.003	+1.329	44.027	已知高程
A	2	−0.718	+0.001	−0.717	45.356	
B					44.639	
BM4	8	+2.004	+0.004	+2.008	④46.647	已知高程
和校核	16	+2.612 ①	+0.008 ②	+2.620 ③		

实测高差 $\Sigma h = +2.612$m　已知高差 $=H_z - H_s = 46.647 - 44.027 = 2.620$m

实测闭合差 $f_c = 2.612 - 2.620 = -0.008$m

允许闭合差 $f_y = \pm 6\sqrt{16} = \pm 24$mm　精度合格

每站改正数 $v = -\dfrac{f_c}{n} = -\dfrac{-0.008}{16\ 站} = 0.0005$m

表 5-4 中，①值应与实测各段高差总和（Σh）一致；②值应与实测闭合差数值相等，但符号相反；③值应与 BM4 BM7 的已知高差相等，并作为总和校核之用；④值是由 BM7 已知高程加各段高差调整值后推算而得，应与 BM4 已知高程一致，并作计算校核。总之，此表中的计算校核是严密的、充分的。

（五）测设已知高程

如图 5-10 所示：根据 A 点已知高程 HA 向龙门桩上测设 ±0.000 水平线 H_o 的方法有两种：

1. 高差法

（1）A 桩上立杆，在水准仪水平视线上画一点 a；

（2）在木杆上由 a 点向上（下）量高差 $h = H_o - H_A$ 做标志 b（h 为正时向下量，h 为负时向上量）；

（3）沿龙门桩侧面上下移动木杆，当 b 点与水准仪水平视线重合时，在木杆底部画水平线即为 ±0.000 高程线。

高差法适用于安置一次仪器要测设若干相同高程点的情况，

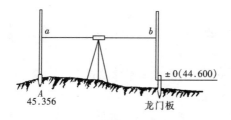

图 5-10　测设已知高程

如抄龙门板±0.000线,抄50水平线。

2. 视线高法

(1) 在 A 桩上立水准尺,以水准仪水平视线读出后视读数 a,并算出视线高 H_i;

(2) 计算视线水平时水准尺在±0.000 处的应读前视 $b = H_i - H_o$;

(3) 沿龙门桩侧面上下移动水准尺,当 b 点与水准仪水平视线重合时,在水准尺底部画水平线即为±0.000 高程线。

视线高法适用于安置一次仪器要测设若干不同高程点的情况。

3. 测设已知高程的操作要点

(1) 水准仪应每季校验一次,使 $i < 10''$(即 3mm/60m);

(2) 镜位居中,后视两个已知高程点,测得视线高差不大于 2mm 时取平均值,抄测前要先校测已测完的高程线(点),误差 <3mm 时,确认无误;

(3) 高差(或应读前视)要算对、测准,用黑铅笔紧贴尺底划线,相邻测点间距小于 3m,门窗口两侧、拐角处均应设点,一面墙、一根柱至少要抄测三个点以作校核;

(4) 小线要细,墨量适中,弹线要绷紧,以减少下垂;

(5) 三脚架要稳,脚架尖插入土中(或小坑内),每抄测一点要检查视线是否水平,每测完一站要复查后视读数,误差小于 1.5mm 时方可迁站。

（六）精密水准仪和三、四等水准测量

1. 精密水准仪的分类与基本构造

（1）精密水准仪的分类

1）光学微倾精密水准仪：如图 5-11 所示为 WLLD N3 型高精密水准仪。

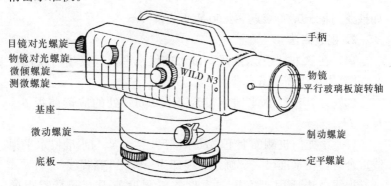

目镜对光螺旋
物镜对光螺旋
微倾螺旋
测微螺旋

基座

微动螺旋

底板

手柄

物镜
平行玻璃板旋转轴

制动螺旋

定平螺旋

图 5-11　N3 型高精密水准仪

2）光学自动安平精密水准仪：如图 5-12 所示为 WLLD NAK2 型精密水准仪，是 SO. 7 的光学自动安平精密水准仪，它是在 S2 光学自动安平水准仪上附加一个平行玻璃板测微器，这样就可以达到 SO. 7 的精度。编者认为这种普通、精密两用的仪

图 5-12　NAK2 型精密水准仪

器，更适合施工测量中使用。

3）电子自动安平精密水准仪：如图5-13所示，徕卡厂2002年生产的DNA03/10型电子自动安平精密水准仪，其精度为SO.3/S1。图中左侧显示：后视点已知高程 H_0 为412.94500m，后视读数为 1.68027m，视线高为 414.62527m，视线长为32.48m。

（2）精密水准仪的构造特点

图 5-13　DNA03/10 型精密电子水准仪

1）视准轴水平精度高，一般不低于 $\pm 0.8''$ 若为水准管仪器其水准管格值 $\tau = (6'' \sim 10'') / 2mm$（S3 水准仪的水准管格值 $\tau = 20'' / 2mm$）；

2）望远镜光学性能好：精密水准仪的望远镜放大倍率一般大于 32 倍（S3 水准望远镜放大倍率一般为 25 倍），望远镜物镜有效孔径也很大，分辨率和亮度都很高；

3）结构坚固：精密水准仪的水准管（或补偿设备）和望远镜之间的连接非常牢固，以使视准轴与水准管轴（或补偿设备）的关系稳定，因此望远镜镜筒和水准管套多用因瓦合金制造，密封性好，受温度变化的影响小；

4）具有测微器装置：为了提高读数精度，精密水准仪装置了平行玻璃板测微器，其最小读数 0.1～0.01mm。图 5-14 是平行玻璃板测微器示意图，利用平行玻璃板的前后俯仰，使视线平移后恰好对准一整数分划，这样从测微尺上就可精密读出视线平移的距离。

当平行玻璃板测微器的玻璃板与视线垂直，即玻璃板不起平移视线的作用时，测微器上的指标不是对准零而是对准测微尺的中间位置 c，因此实际读数中都带有这个常数。在一般情况下其不影响高差结果，后视读数与前视读数相减就将 c 消除了。若只进行单向读数或水准点在上方（如在隧道中测量）需倒立尺读数时，就要注意在读数中除去 c。

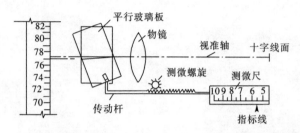

图 5-14　平行玻璃板测微器示意图

2. 精密因瓦水准尺

精密水准仪必需配备精密水准尺，精密因瓦水准尺是在木制（或铝制）尺槽中带有因瓦带，一端固定而另一端用弹簧拉紧，使因瓦带平直和不受尺槽自身伸缩的影响。因瓦带是用 36％的镍与 64％的铁制成的合金带，其膨胀系数小于 $0.5 \times 10^{-6} /℃$，仅为钢膨胀系数的 1/24，故因瓦水准尺受外界温度、湿度的影响较小。因瓦水准尺上的分划线是条式的，多数精密水准尺分划为左右两排，一排叫基本分划，一排叫辅助分划，两排分划相差 3m 左右的尺常数。读数时用两排分划上读数之差是否等于尺常数来检核读数精度。为了保证工作时尺身竖直，尺身上装有灵敏度较高的圆水准盒。

当用精密水准仪以水平视线照准水准尺后，转动测微螺旋，使十字丝的楔形线夹住某一分划，读出数值，如图 5-15 中的 0.77m，同时在测微窗上（或利用放大镜在测微轮上）读出数值，如图 5-15 中的 566（即 0.00556m），两个读数相加得到

0.77556 就是水准尺读数。

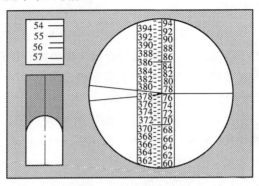

图 5-15　N3 精密水准仪读数

3. 三、四等水准测量

（1）三、四等水准的主要技术要求

现将《工程测量规范》GB 50026—2007 有关等级水准测量的主要技术要求摘录在表 5-5 内。

三、四等水准测量的主要技术要求 GB 50026—2007　　表 5-5

等级	每公里高差全中误差（mm）	附合路线长度（km）	水准仪的型号	水准尺	观测次数		往返较差，附合或环线闭合差	
					与已知点联测	附合或环线	平地（mm）	山地（mm）
三等	±6	50	S1	因瓦	往返各一次	往一次	±12$\sqrt{L}$	±4$\sqrt{n}$
			S3	双面		往返各一次		
四等	±10	16	S3	双面	往返一次	往一次	±20$\sqrt{L}$	±6$\sqrt{n}$

注：1. 结点之间或结点与高级点之间，其路线的长度，不应大于表中规定的 0.7 倍；

　　2. L 为往测测段，附合或环线的水准路线长度（km），n 为测站数。

（2）观测，记录

三、四等水准测量的外业工作包括：观测，记录，计算和校

75

核等内容。三等和四等水准测量方法只是在观测程序上有微小的差别。

1）三、四等水准测量一般采用 S3 型水准仪，使用有 cm 刻划的黑、红双面 3m 板尺。在通视良好、成像清晰稳定，埋设的水准点已经过长时间沉降，处于稳定的情况下进行。

2）三等水准测量的观测顺序为：

后视黑面尺，读上、下、中三线读数（1）、（2）、（3）；

前视黑面尺，读中、上、下三线读数（4）、（5）、（6）；

前视红面尺，读中线读数（7）；

后视红面尺，读中线读数（8）。

即采用"后-前-前-后"观测程序，这样可以减弱因地面不坚实产生仪器下沉的影响。

3）四等水准测量的观测程序为"后－后－前－前"。

4）记录见表 5-6，表中括号内数字表示读数和计算次序。

（3）计算，校核

1）用水准尺黑红面零点差检算

$$(3)+K_i-(8)=(9)$$

$$(4)+K_j-(7)=(10)$$

式中 K_i 为 i 号水准尺黑红面零点差，表中，$K_9=4.787$m，K_j 为 j 号水准尺黑红面零点差，表中 $K_{10}=4.687$m。计算得（9）和（10），理论上均应为零，规范规定允许误差为 $\pm(2\sim3)$mm。

2）高差计算（3）－（4）＝（11），（8）－（7）＝（12）

$$(13)=(11)-[(12)\pm100]$$

式中（13）为黑面所得高差（11）与红面所得高差（12）之差，式中 100 为两根水准尺红面的零点差，单位为 mm。（13）的值理论上应为零，规范规定允许误差为 $\pm(3\sim5)$ mm。

以上两项计算无误合格后，再计算高差中数（14）

$$(14)=\frac{1}{2}\{(11)+[(12)\pm100]\}$$

高差中数取位到 0.1mm。

测站编号	后尺　上线／下线　后距（m）　视距差 d	前尺　上线／下线　前距（m）	方向与尺号	水准读数　黑面	水准读数　红面	$K+$黑减红	高差中数	备注
	(1)　(2)　(15)　(17)	(5)　(6)　(16)　(18)	后　前　后-前	(3)　(4)　(11)	(8)　(7)　(12)	(9)　(10)　(13)	(14)	
1	1.804　1.446　35.8　−0.8	1.180　0.814　36.6　−0.8	后9　前10　后-前	1.625　0.997　0.628	6.412　5.684　0.728	0　0　0	0.628	
2	2.102　1.466　63.6　−0.5	1.532　0.891　64.1　−1.3	后10　前9　后-前	1.784　1.211　0.573	6.472　5.997　0.475	−1　+1　−2	0.574	黑红面零点差 $K_9=4.787$ $K_{10}=4.687$
3	1.007　0.314　69.3　+2.1	1.307　0.635　67.2　+0.8	后9　前10　后-前	0.660　0.971　−0.311	5.449　5.657　−0.208	−2　+1　−3	−0.309^5	
4	1.819　1.069　75.0　+0.2	1.376　0.628　74.8　+1.0	后10　前9　后-前	1.444　1.002　0.442	6.130　5.789　0.341	+1　0　+1	0.441^5	

计算校核	$\Sigma(15)=243.7$　$-\Sigma(16)=242.7$　$+1.0$	$\Sigma[(3)+(8)]=29.976$　$-\Sigma[(4)+(7)]=27.308$　2.668　$\Sigma(11)+\Sigma(12)=2.668$	$\Sigma(14)=1.334$　$\dfrac{2.668}{2}=1.334$

3) 视距计算

后距 $(15)=[(1)-(2)]\times100$　　前距 $(16)=[(5)-(6)]\times100$

前后视距差 $(17)=(15)-(16)$　　视距累计差 $\Sigma d=(18)=$ 本站 $(17)+$ 前站 (18)

规范规定前后视距差应小于 $3\sim5m$，视距累计差应小于 $6\sim10m$。

4) 计算校核

用下列各式检查计算结果的正确性。

$$(13)=(9)-(10)$$

$$(14)=(11)+\frac{1}{2}(13)$$

末站 $(18)=\Sigma(15)-\Sigma(16)$

$$\Sigma(14)=\frac{1}{2}\{\Sigma[(3)+(8)]-\Sigma[(4)+(7)]\}$$

$$=\frac{1}{2}[\Sigma(11)+\Sigma(12)]$$

经计算校核无误后，若误差超限，应立即重新观测。每一测站都应限差合格后再迁站。

（七）普通水准仪的检定、检校、保养和一般维修

1. 水准仪检定项目

水准仪的检定是根据《水准仪检定规程》JJG 425—2003，共检定 15 项，见表 5-7，检定周期一般不超过一年。

水准仪检定项目表 JJG 425—2003　　　　表 5-7

序号	检定项目	检定类别		
		首次检定	后续检定	使用中检验
1	外观及各部件功能相互作用	＋	＋	＋
2	水准管角值	＋	－	－

序号	检定项目		检定类别		
			首次检定	后续检定	使用中检验
3	竖轴运转误差		+	+	−
4	望远镜分划板横线与竖轴的垂直角		+	+	+
5	视距乘常数		+	−	−
6	测微器行差与回程差		+	−	−
7	数字水准仪视线距离测量误差		+	−	−
8	视准线的安平误差		+	+	+
9	望远镜轴与水准管轴在水平面内投影的平行度（交叉误差）		+	+	−
10	视准线误差(i 角)		+	+	+
11	望远镜调焦运行误差		+	+	−
12	自动安平水准仪	补偿误差及补偿器工作范围	+	+	−
13		双摆位误差	+	+	−
14	测站单侧高差标准差		+	−	−
15	自动安平水准仪磁致误差		−	−	−

注：检定类别中"＋"为需检定项目，"－"为可不检项目，由送检单位需要
确定。

2. 水准盒轴（$L'L'$）平行竖轴（VV）的检校

将仪器安置在三脚架上，定平水准盒如图 5-16（a），然后
将望远镜平转 180°，如果水准盒气泡仍居中，说明水准盒轴
（$L'L'$）平行竖轴（VV）。若水准盒气泡不居中如图 5-16（b），

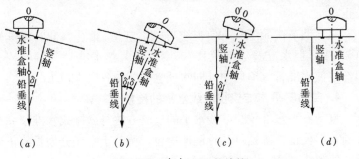

（a）　　　　　（b）　　　　　（c）　　　　　（d）

图 5-16　$L'L'//VV$ 的检校

则说明两轴线不平行。用定平螺旋，使气泡退回一半如图 5-16 (c)（此时竖轴 VV 已铅直），用拔针调整水准盒的校正螺丝将气泡居中，如图 5-16 (d)（此时水准盒轴 $L'L'$ 铅直），以达到 $L'L'//VV$ 的目的。

3. 微倾水准仪水准管轴（LL）平行视准轴（CC）的检校

如图 5-17 所示：

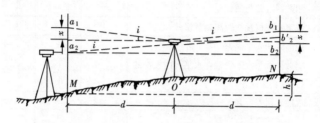

图 5-17 $LL//CC$ 的检校

在距 MN 两点（$2d=80$m）等远处安置仪器，测得 a_1，b_1，则 $h=a_1-b_1$。

（1）在原地改变仪器高后，测得 a_1'，b_1'，则 $h'=a_1'-b_1'$。当 h 与 h' 之差小于 2mm 时，取平均值为 MN 两点的正确高差 $\bar{h}$。

（2）移仪器位于 M 点近旁，望远镜照准 M 尺测得 a_2，计算应读前视 $b_2=a_2-\bar{h}$。

（3）望远镜照准 N 尺，测得 b_2' 与 b_2 重合，则说明 $LL//CC$ 否则说明 LL 不平行 CC。当 b_2' 与 b_2 相差大于 4mm 时，则应校正。

（4）调节微倾螺旋，使视线与 N 尺上 b_2 重合（此时视准轴 CC 水平，但水准管气泡偏移），用拔针调整水准管一端的校正螺丝，使水准管气泡居中（即水准管 LL 水平），则 $LL//CC$。

4. 自动安平水准仪视准线水平的检校

自动安平水准仪视准线水平的检验方法与微倾式水准仪完全相同，但校正方法是打开目镜保护盖，调节十字线分划板校正螺丝，使视线与 N 尺上 b_2 重合，则视准线水平。

5. 水准仪的保养

（1）三防

1）防震：不得将仪器之间放在自行车后货架上骑行，也不得将仪器直接放在载货汽车的车厢上受颠震。

2）防潮：下雨应停测，下小雨可打伞，测后要用干布擦去潮气。仪器不得直接放在室内地面上，而应放入仪器专用柜中并上锁。

3）防晒：在强光阳光下应打伞，仪器旁不得离人。

（2）两护

主要是保护目镜与物镜碎片，不得用一般擦布直接擦抹镜片。若镜片落有尘物，最好用毛刷掸去或用擦照相机镜头的专用纸擦拭。

6. 三脚架与水准尺的保养

（1）三脚架：三脚架架首的三个紧固螺旋不要太紧或太松，接节螺旋不能用力过猛，三脚架各脚尖易锈蚀和晃动，要经常保持其干燥和螺钉的固定。

（2）水准尺：尺面要保持清洁，防止碰损，尺底板容易因沾水或湿泥而潮损，要经常保持其干燥和螺钉的固定。使用塔尺时，要注意接口与弹簧片的松动，抽出塔尺上一节时，要注意接口安好。防止脱落没有被发现，致使读数错误。

7. 维修普通测量仪器的基本原则

普通测量仪器一般指 S3 水准仪和 J6 经纬仪。它们是施工测量中最常用的仪器，每台仪器的价格都要数千元，是比较贵重的仪器，其特点是构造复杂、精密，且不同厂家生产的仪器的具体构造是不同的。因此，维修仪器首先要具备必要的机械、光学、仪器用油等基本知识和一般仪器维修技能外，还要了解各厂家生产仪器的特点与所需维修工具。在维修中要特别遵守以下主要原则：

（1）开始维修工作，一定要在真正有经验的师傅下指导进行。先学习当助手，逐步掌握维修知识技能后，才能独立工作。

没有接触过的仪器或部位不得轻易拆卸，以防损伤仪器。

（2）维修工作要有一个较安静，清洁的环境。

（3）所用工具必须与仪器配套，不合适的工具不得勉强使用。

（4）维修中一定要对照该仪器的使用，维修说明书自上而下有次序地进行。

（5）维修中一切动作要柔和，有锈蚀部分要先进行除锈处理，不可用大力，猛劲拆卸。

（6）检修仪器前应做好检查：

1）查外观：检查外表面有无锈蚀、脱漆，电镀脱色及外表面零件的固连螺丝有无丢失、损坏和松动。

2）查螺旋：检查各微动螺旋、微倾螺旋及定平螺旋的转动是否平稳，有无松动，晃动或跳进现象，制动螺旋是否有效。

3）查水准器：检查各水准器是否完好无损，气泡是否已增长，水准器在金属管内有无松动，水准器的观测系统（观察镜、反光镜）有无缺损和霉污，成像是否清晰，符合成像。

4）查望远镜：检查望远镜的成像情况，物镜、对光镜、分划板及目镜有无霉污或脱胶现象，各镜片表面有无划痕或破裂损伤，成像是否清晰，有无各种像差，鉴别率如何，对光透镜和目镜运动是否正常，松紧是否适当。

5）查轴承：检查转动轴系的运动是否平滑均匀，有无过松或过紧的现象，有无异常响声。

6）查三脚架：检查三脚架架首是否牢固，脚架伸缩是否灵活，螺丝扣是否能拧紧。

经上述检查后，将检查结构记入仪器检修表中，并据此判断仪器发生故障的原因并确定检修的范围。

六、角 度 测 量

（一）角度测量原理

1. 水平角（β）、后视边、前视边、水平角值

图 6-1 中，*AOB* 为空中两相交直线，*aob* 为其在水平面上的投影。

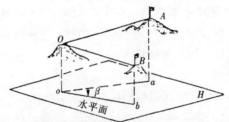

图 6-1　水平角测量原理

（1）水平角（β）：两相交直线在水平面上投影的夹角，如图 6-1 中 $\angle aob = \beta$。

（2）后视边：水平角的始边，如图 6-1 中 *OA*，其读数为后视读数。

（3）前视边：水平角的终边，如图 6-1 中 *OB*，其读数为前视读数。

（4）水平角值＝前视读数－后视读数：　　　　（6-1）

$$\beta = （+）\text{为顺时针角}$$

$$\beta = （-）\text{为逆时针角}。$$

2. 竖直角（θ）、仰角、俯角

图 6-2 中，*OM* 与 *ON* 为同一竖

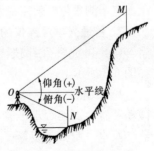

图 6-2　竖直角测量原理

直面内的两相交直线。

（1）竖直角（θ）：在一个竖直面内视线与水平线的夹角，如图 6-2。

（2）仰角（$+\theta$）：视线在水平线之上的竖直角。

（3）俯角（$-\theta$）：视线在水平线之下的竖直角。

（二）普通经纬仪的基本构造和操作

1. 经纬仪的分类

（1）按精度分：根据 2003 年 8 月 1 日实施的国家标准《光学经纬仪系列及其基本参数》GB/T 3161—2003 规定，我国经纬仪按精度分四级：高精度经纬仪（J07），精密经纬仪（J1）和普通经纬仪（J2、J6）与低精度经纬仪（J30）。普通经纬仪是工程测量常使用的。

（2）按构造分：金属游标经纬仪、光学经纬仪与电子经纬仪。光学经纬仪是 20 世纪 40～60 年代以光学玻璃盘代替镀银金属度盘改进而成的常用仪器（光学经纬仪又分倒像，竖盘水准管与正像，竖盘自动补偿指标两代）现已趋于淘汰；电子经纬仪是 20 世纪 70 年代以来发展起来的，由于使用电子技术，数字显示水平角值与竖直角值极大地提高了观测速度与精度。光电测距仪的小型化，出现了"光电测距仪＋光学或电子经纬仪"积木式过渡性的半站仪；20 世纪 80 年代以后，在半站仪的基础上实现了光电测距、电子测角与电脑控制为一体的全站仪已逐渐推广普及。

2. 普通光学经纬仪的基本构造

（1）J6 光学经纬仪：由照准部、度盘与基座三部分组成，如图 6-3 所示。

1）照准部 望远镜，读数显微镜与横轴（HH），望远镜制动微动装置，支架，水准管与竖轴（VV），度盘离合器（或变位器）及水平制微动装置等。

2）度盘：水平度盘与竖直度盘，使用测微尺读数或测微轮

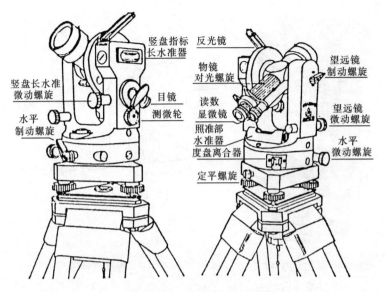

图 6-3　第一代 J6 级光学经纬仪构造图

读数。

　　3）基座：底座，轴套，固定螺旋，定平螺旋与底板等。

　　（2）J2 级光学经纬仪：与 J6 级光学经纬仪构造基本相同，但度盘只使用离合器与测微轮读数。图 6-4 为北京光学仪器厂生产的 2″、TDJ2E 型光学经纬仪。

　　（3）主要轴线：如图 6-5 所示。

　　1）视准轴（CC）；

　　2）横轴（HH）望远镜纵向转动时所绕轴线，也叫水平轴；

　　3）照准部水准管轴（LL）；

　　4）竖轴（VV）照准部水平转动时所绕轴线，也叫纵轴。

　　（4）各轴线间应具备的几何关系：

　　1）$LL \perp VV$ 当定平照准部水准管时，仪器竖轴处于铅直位置，水平度盘也就处于水平位置；

　　2）$CC \perp HH$ 当望远镜绕横轴纵转时，视准轴扫出一个垂直于横轴的平面，当横轴水平时，视准轴扫出一个铅直面；

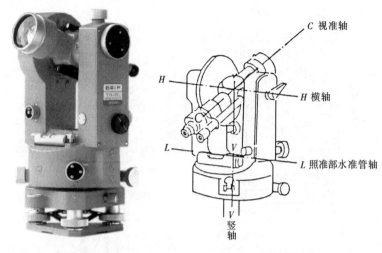

图 6-4 第二代 TDJ2E
光学经纬仪

图 6-5 经纬仪轴线

3）$HH \perp VV$ 当 $LL \perp VV$ 定平照准部水准管，且 $CC \perp HH$ 时，望远镜绕横轴纵转，视准轴扫出铅直平面，此时望远镜正处于铅直投影。

3. J6 级光学经纬仪的读数系统

J6 级光学经纬仪有测微尺与测微轮两种读数系统：

（1）测微尺读数系统：将度盘分划与测微尺同时放大，直接读数。

（2）测微轮读数系统：通过转动测微轮带动单平行玻璃板转动，使双线指标平分度盘上一条分划线，从测微轮分划尺上以单线指标读出小于度盘分划值的数值，再加上度盘双线指标所夹数值之和，即为读数。

4. J2 经光学经纬仪的读数系统

J2 级光学经纬仪都是使用测微轮读数，为了在一次读数中，能抵消度盘偏心差的影响，均是通过度盘一直径两端的棱镜将其影像复合重叠在一起。如图 6-7（a）中，右下侧的三条竖线的

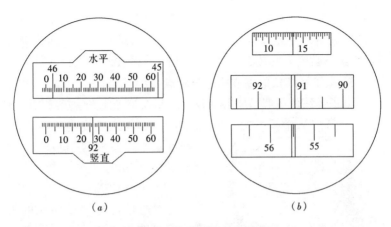

图 6-6　J6 级光学经纬仪读数

(a) 测微尺读数；(b) 测微轮读数

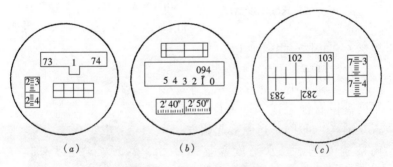

图 6-7　J2 级光学经纬仪读数

上面的三条竖线与下面的三条竖线分别是度盘一直径两端的三条度盘分划线，当转动测微轮使上、下三条分划线重合时，才能读数—此读数中已抵消度盘偏心差。

　　J2 级光学经纬仪从读数显微镜中一次只能看到一个度盘影像，通过度盘换像螺旋来选择水平度盘或竖直度盘。照准目标后，不能立即读数，需先转动测微轮，使右下侧度盘分划线上下对齐，然后在右上侧读数盘上的"度"和"十分"，在左下侧的测微轮上读"分"和"秒"（左侧为"分"，右侧为"秒"）最小分化为 1″。图 6-7（a）为北京光学仪器厂生产的 J2 级光学经纬仪的读数窗，其读数为 73°12′36″，图 6-7（b）、（c）为两种进口的 J2 级读数窗，其读数分别为 94°12′44″与 102°17′36.6″。

5. 电子经纬仪的基本构造与特点

电子经纬仪也叫数字经纬仪，它是在第二代光学经纬仪的基础上，用编码度盘光电转换等技术获得水平度盘及竖直度盘的数字显示的经纬仪。

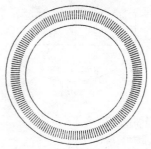

图 6-8 增量式编码度盘

（1）基本构造

其构造是将光学经纬仪的刻度玻璃盘改为编码度盘。目前多数电子经纬仪采用增量式编码度盘，如图 6-8 所示，在度盘的圆周上等间距刻有黑色分划线（最多可刻 21600 根，相当于角度 1′）。

（2）特点

1）按键操作、数字显示、水平度盘设有锁定键（HOLD）和置 0 键（0 SET），当照准起始方向按置 0 键后，水平度盘显示 0°00′00″。水平度盘与竖直度盘均以数字显示读数，速度快、精度高，如图 6-9 所示。

2）测量模式多、适应多种需要

测水平角有右旋和左旋选择键（R/L），测竖直角有角度和坡度百分比显示选择键（V%）。

3）设有通信接口：可与光电测距仪配套成半站仪使用，并能

图 6-9 电子经纬仪

自动记录数据，避免记录错误。

6. 经纬仪的安置

（1）经纬仪安置的基本要求

经纬仪安置的基本要求是对中与定平：

1）对中：使水平度盘的中心正对在测站点的铅垂线上。

2）定平：通过定平度盘水准管，使仪器的竖轴处于铅垂方向，这时水平度盘也就处于水平位置。

（2）用线坠（垂球）或激光对中器安置经纬仪

"单摆好、踩三脚"是安置经纬仪的基本方法，具体操作如下：

1）三脚架调成等长并适合操作者身高，将仪器固定在三脚架上，使仪器基座面与三脚架座顶面平行，挂好线坠。

2）将仪器摆放在测站点上，使线坠尖（或打开激光）对准测站点，先踩稳左侧脚架，使线坠（或激光）、测站点及第三条脚架同在一立面内，最后踩右侧脚架转身踩第三条脚架，直至线坠尖（或激光）对准测点小于1mm。

3）检查线坠（或激光点）对中，若有少量偏差，可松开连接螺旋，在三脚架顶上移动基座，使其精确对中后，旋紧连接螺准管。

4）将水准管平行两定平螺旋，用定平螺旋定平水准盒与水准管。

5）平转照准部90°，用第三个定平螺旋定平水准管。

（3）用光学对中器安置经纬仪

1）三脚架调成等长并适合操作者身高，将仪器固定在三脚架上，使仪器基座面与三脚架座顶面平行。

2）将仪器摆放在测站点上，目估大致对中后，踩稳一条脚架，调好光学对中器目镜（看清十字线）与物镜（看清测站点），用双手各提起一条脚架前后、左右摆动，眼观光学对中器使十字线交点与测站点重合后，放稳并踩实脚架。

3）伸缩三脚架腿的长短，使水准盒气泡居中。

4）将水准管平行两定平螺旋，定平水准盒与水准管。

5）平转照准部 90°，用第三个定平螺旋定平水准管。

6）检查光学对中，若有少量偏差，可打开连接螺旋平移基座，使其精确对中，旋紧连接螺旋，再检查水准管气泡居中。

（4）经纬仪的等偏定平

1）何时需要：当 LL 不垂直于 VV 时。

2）操作步骤：

① 将水准管平行两定平螺旋，同时定平水准盒与水准管；

② 平转照准部 90°，用第三个定平螺旋定平水准管；

③ 平转照准部 180°，若气泡偏移，则说明 LL 不垂直与 VV，用定平螺旋退回偏移的 1/2；

④ 再平转照准部 90°，同样使气泡处于偏中位置。

（5）经纬仪的等偏对中

1）何时需要：光学对中器的视准轴与仪器竖轴（VV）不重合，即当竖轴铅垂、平转照准部一周时，光学对中器投测出一个圆圈，而不是一个固定点：

2）操作步骤：

① 按前二题安置并定平或等偏定后，即竖轴已铅垂；

② 调好光学对中器的目镜与物镜，平准照准部一周，若对中器十字线交点不正投在测站点上，而是投测出一个圆圈；

③ 松开连接螺旋，平移基座使所投测出的圆心正对准测站点。

3）目的：使 VV 铅垂并对准测站点。

（三）水平角测量和记录

1. 水平角测量的常用方法

根据观测目标数量不同分为两种测法：

（1）测回法：用于观测两个方向之间的单角，如图 6-10 (a) 所示。

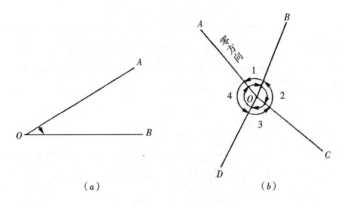

图 6-10　水平角测法

(*a*) 测回法测角；(*b*) 全圆测回法测角

（2）方向观测法（全圆测回法）：用于观测三个以上方向之间的各角，如图 6-10（*b*）所示。

在工程施工测量中，多采用测回法。

2. 用度盘离合器光学经纬仪以测回法测量水平角

如图 6-10（*a*）所示：仪器在 O 点上以 OA 为后视边，顺时针测量∠AOB。

（1）在 O 点安置仪器，将水平度盘读数对准 0°00′00″，扳下离合器按钮（此时水平度盘与照准部相接合）。

（2）以盘左位置用制微动螺旋照准后视 A 点后，扳上离合器按钮（此时水平度盘与照准部相脱离），检查目标照准与读数应仍为 0°00′00″。

（3）打开制动螺旋，转动望远镜照准前视 B 点，记录水平角读数 55°43′30″，为前半测回值。

（4）以盘右位置 180°00′00″照准 A 点，重复以上步骤，测出后半测回值 55°43′48″。当使用 J6 仪器时，两半测回值之差小于 40″、取其平均值 55°43′49″为∠AOB。

测回法测角记录如表 6-1。

测回法测角记录表 表 6-1

测站	盘位	目标	水平度盘读数	水平角		备注
				半测回值	测回值	
O	左	A	0°00′00″	55°43′30″	55°43′39″	J6 经纬仪
		B	55°43′30″			
	右	A	180°00′00″	55°43′48″		
		B	235°43′48″			

3. 用度盘变为器光学经纬仪以测回法测量水平角

与上题相同，测量∠AOB。

(1) 在 O 点安置仪器，以盘左位置用制微动螺旋照准后视 A 点。

(2) 测微轮对 0°0′00″，用换盘手轮使水平底盘处在略大于 0°处，转测微轮使度盘刻划线上下重合，读后视读数 0°02′44″ 记录后，并记录（见表 6-2）。

(3) 打开制动螺旋，转动望远镜，照准 B 点，再用测微轮使度盘刻划线上下重合，该前视读数 55°46′18″ 记录后，则水平角前半测回值为 55°43′34″。

(4) 以盘右位置照准 A 点，用测微轮在水平度盘上读后视读数 180°02′38″ 后，再前视 B 点得前视读数 235°46′20″，则水平角后半测回值为 55°43′42″。

当两半测值回填之差使用 J6 仪器时，应小于 40″；使用 J2 仪器时，应小于 20″，则可取其平均值 55°43′38″ 为∠AOB。

测回法测角记录表 表 6-2

测站	盘位	目标	水平度盘读数	水平角		备注
				半测回值	测回值	
O	左	A	0°02′44″	55°43′34″	55°43′38″	J2 经纬仪
		B	55°46′18″			
	右	A	180°02′38″	55°43′42″		
		B	235°46′20″			

4. 全圆测回法测量水平角

如图 6-10 (b) 表示，A、B、C、D 为某建筑工地的建筑红线桩，但各相邻两桩间均不通视，为校测其相互位置。现在场地中选定 O 点安置经纬仪能同时看到 A、B、C、D 各点，这样就在 O 点以全圆测回法实测以 O 点为极的各夹角∠1、∠2、∠3、∠4。具体操作步骤如下：

（1）～（3）操作内容与本节第 3 点中的（1）～（3）完全相同。

（4）继续用水平制微动螺旋、顺时针依次转动望远镜照准各前视点 C、D 与 A，并分别读记度盘读数 171°33′24″、247°07′08″、0°02′48″——最后照准 A 时叫"归零"，两次照准第一目标 A 的度盘读数之差叫归零差，归零差的限差值见表 6-4，以上为前半测回。

（5）水平度盘不动、用盘右再以 A 点为起始方向观测后半测回，前、后两半测回各方向值之差叫"2c"（即左－右±180°）主要反映仪器检校不完善所产生的误差，其限差值见表 6-4，全圆测回法记录格式如表 6-3。

全圆测回法记录表　　　　　　　　　　　　　　　表 6-3

测站	目标	水平度盘读数		2c＝左－(右±180°)	方向值（左＋右±180°）	归零方向值	水平角值	备注
		盘左	盘右					
0	A	0°02′44″	180°02′38″	＋6″	(0°02′44″) 0°02′41″	0°00′00″		
	B	55°46′18″	235°46′20″	－2″	55°46′19″	55°43′35″	55°43′35″	∠1
	C	171°33′24″	351°33′14″	＋10″	171°33′19″	171°30′35″	115°47′00″	∠2
	D	247°07′08″	67°07′02″	＋6″	247°07′05″	247°04′21″	75°33′46″	∠3
	A	0°02′48″	180°02′44″	＋4″	0°02′46″		112°55′39″	∠4

（6）在多个测回观测中，要计算各测回归零后方向值的平均值。对同一方向各测回互差的限差、归零差与"2c"的限差《工程测量规范》GB 50026—2007 中规定如表 6-4。

水平角方向观测法的限差（″）GB 50026—2007　　　表 6-4

等级	仪器	半测回归零差	一测回中 2c 变动范围	同一方向值各测回互差
一级以下	J2	12	18	12
	J6	18	—	24

（7）使用全圆测回法时要特变注意：

1）全圆测绘法一般均使用度盘离合器的 J2 级仪器，若使用度盘离合器的 J6 级仪器时，应注意离合器不能带盘；

2）起始方向应选在目标清晰、边长适中的方向。

5．用电子经纬仪以测回法测量水平角

用电子经纬仪以测回法测量水平角有操作简单、读数快捷等优点。用电子经纬仪测量图 6-10（a）中的 ∠AOB 的操作步骤是：

（1）在 O 点上安置电子经纬仪后，打开电源，先选定左旋和 DEG 单位制，然后以盘左位后视 A 点，按置 O 键，则水平度盘显示 $0°00'00''$。

（2）打开制动螺旋、转动望远镜，照准前视 B 点后，水平度盘上则显示 $55°43'39''$，为前半测回。

（3）以盘右位置用锁定键以 $180°00'00''$ 后视 A 点，打开制动螺旋、转动望远镜，照准前视 B 点后，水平度盘显示 $235°43'39''-180°00'00''=55°43'39''$ 即为后半测回，记录方法同表 6-2。

6．水平角施测中的要点

在施工测量中，由于施工现场条件千变万化，故在水平角实测中必须注意以下要点：

（1）仪器要安稳：三脚架连接螺旋要旋紧，三脚架尖要插入土中或地面缝隙，仪器由箱中取出放在三脚架首上，要立即旋紧连接螺旋，仪器安好后，手不得扶摸三脚架，人不得离开仪器近旁，更要注意仪器上方有无落物，强阳光下要打伞；

（2）对中要精确：边越短越要精确，一般不应大于 1mm；

（3）标志要明显：边短时可直立红铅笔、边较长时要用三脚架吊线坠；

（4）操作要正确：要用十字双线夹准目标或单线平分目标，并注意消除视差，使用离合器仪器时要注意按钮的开关位置，使用变位器仪器时，要注意旋钮的出入情况，读数时要认清度盘与测微器上的注字情况；

（5）观测要校核：在测角、设角、延长直线、竖向投测等观测中，均应盘左盘右观测取其平均值，这样校核有以下好处：

1）能发现观测中的错误；

2）能提高观测精度；

3）能抵消仪器 CC 不垂直于 HH、HH 不垂直于 VV 的误差，但不能抵消 LL 不垂直于 VV 的误差，为解决此项误差应采取等偏定平的方法安置仪器；

4）在使用 J6 级经纬仪时，能抵消度盘偏心差；

（6）记录要及时：每照准一个目标、读完一个观测值，要立即做正式记录，防止遗漏或次序颠倒。

（四）测设水平角和直线

1. 用度盘离合器光学经纬仪以测回法测设水平角

如图 6-11 所示：以 OA 为后视边，顺时针测设 $\angle AOB = 55°43'39''$。

（1）在 O 点安置仪器，用测微轮将分划尺对准 $0°0'00''$，再用水平制微动螺旋使双线指标平分度盘 $0°$ 线，扳下离合器按钮。

（2）以盘左位置用制微动螺旋照准后视 A 点后扳上离合器按钮，检查目标照准与读数仍为 $0°00'00''$。

（3）转动测微轮以单线指标对准 $13'36''$ 处（此时度盘双线指标对在 $-13'36''$ 处），打开制动螺旋，转动望远镜使双线指标夹

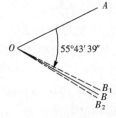

图 6-11　测设水平角

准 $55°30'$（此时望远镜由 $-13'36''$ 转到 $55°30'$，共转了 $55°43'36''$），在视线上定出 B_1 点，为前半测回。

（4）以盘右位置照准 A 点，重复以上步骤，在视线上定出 B_2 点，为后半测回。

当 B_1B_2 在允许误差范围内时，取其中点定为 B 点，则 $\angle AOB$ 为欲测设的水平角。

2. 用电子经纬仪以测回法测设水平角

与本节第 1 点相同，欲测设 $\angle AOB = 55°43'39''$。

（1）在 O 点安置电子经纬仪，以盘左位置照准 A 点后按置 O 键，则水平度盘上显示 $0°00'00''$。

（2）打开制动螺旋、转动望远镜，使水平度盘显示 $55°43'39''$ 时制动，在视线上定出 B_1 点，为前半测回。

（3）以盘右位置 $180°00'00''$ 照准 A 点后打开制动螺旋、转动望远镜，使水平度盘显示 $235°43'39''$ 时制动，在视线上定出 B_2 点，为后半测回。

当 B_1B_2 在允许误差范围内时，取其中点定为 B 点，则 $\angle AOB$ 为欲测设的水平角。

3. 用精密测设水平角

当用前述的方法，测设水平角的精度不能满足工程需要时，可用精密测法测设，其基本步骤是：

（1）如图 6-12 所示，欲以 OA 为后视边，测设 $\angle AOB = 55°43'39.6''$ 时，可先将仪器安置在 O 点处，以 OA 为后视边概略测设出 B'。

（2）用多个测回的测法将 $\angle AOB'$ 值精密测出，如 $\angle AOB' = 55°43'37.4''$，则 $\triangle = \angle B'OB = 2.2''$，并量出 $OB' = 86.376$m。

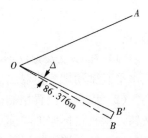

图 6-12　精密测设水平角

（3）计算 $B'B = OB' \cdot \tan\Delta = 86.376\text{m} \cdot \tan 2.2'' = 0.9\text{mm}$。

（4）由 B' 向外延长 0.9mm 定出 B 点，需要时还可以再对 $\angle AOB$ 进行精密测量，检查与欲测设值是否相符。

4. 用经纬仪延长直线

如图 6-13 所示：欲延长 AO 线至 B。

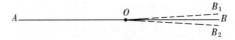

图 6-13　经纬仪延长直线

（1）在 O 点安置仪器，以盘左位置后视 A 点，纵转望远镜在视线上定 B_1 点。

（2）以盘右位置在后视 A 点，纵转望远镜在视线上定出 B_2 点。

（3）当 B_1B_2 在允许误差范围内时，取 B_1B_2 的中点 B 为 AO 的延长线方向。

（4）为了校核，应以上述（1）～（3）步骤再做一遍，当两次的中点基本一致时，说明结果可靠。

5. 在两点间的直线上安置经纬仪

如图 6-14 所示：当 A、B 两点相距较远或在点位上不易安置仪器，欲测设 AB 直线时，可根据现场情况采取以下两种测法：

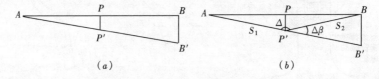

图 6-14　将经纬仪安置在两点间直线上

（1）相似三角形法　如图 6-14（a）所示：在 AB 之间任选一点 P'（若有条件尽可能使 $P'A = P'B$）安置经纬仪，正倒镜延长 AP' 直线至 B' 点。根据相似三角形性质，计算 $P'P$ 间距（若 $PA = PB$，则 $P'P = 1/2B'B$），将经纬仪由 P' 向 AB 直线方向移 $P'P$ 后重新安置仪器，检查 APB 三点为一直线。

（2）测角法 如图 6-14（b）所示：若 $P'A$、$P'B$ 距离可量，则在 P' 点安置经纬仪，实测 $\angle AP'B$，用公式（6-2）～（6-5）计算 $P'P$（即 Δ）。其他操作与以上两种方法相同。

$$\angle A = \Delta\beta \frac{S_2}{S_1 + S_2} \tag{6-2}$$

$$\angle B = \Delta\beta - \angle A \tag{6-3}$$

$$\Delta = S_1 \sin\angle A \tag{6-4}$$

$$\Delta = S_2 \sin\angle B \tag{6-5}$$

（五）竖直角测法和在施工测量中的应用

1. 光学经纬仪竖直度盘及指标的基本构造与用经纬仪测设水平线

（1）竖直度盘：竖直度盘是垂直固定在望远镜横轴的一端，并随望远镜一起转动。竖盘多为全圆刻划，注字多为顺时针，即视线水平时为 90°、视线指向天顶时为 0°，如图 6-15 所示。

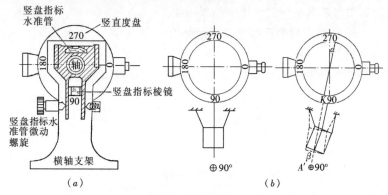

图 6-15 光学经纬仪竖直度盘和指标

（2）竖盘指标有两种：

1）水准管指标是套在横轴上（但不随横轴转动），指标上装有水准管，转动指标水准管微倾螺旋，可使指标和水准管一起绕横轴微倾从而定平水准管，如图 6-15（a）；当定平指标水准管时，转动望远镜使视准轴也水平时，竖盘读数应为 90°。如不为 90°，其差值叫竖盘指标差。

2）自动补偿指标和自动安平水准仪原理一样，是在竖盘光路中安装补偿器，取代水准管，使仪器在一定的倾斜范围内如图 6-15（b），仍能读得相应于指标水准管气泡居中时的竖盘指标读数。

（3）用经纬仪测设水平线：

1）在目标上立水准尺；

2）以盘左位置，用望远镜照准目标后制动，用竖盘指标水准管微倾螺旋定平指标水准管（若为自动补偿，则可省去这一操作，以下操作均同于此）；

3）用望远镜制微动螺旋使竖盘读数为 $90°00'00''$，此时视线应水平，在目标上的读数即为水平视线读数；

4）为消减指标差提高精度，纵转望远镜再以盘右位置照准目标、定平指标水准管，并使竖盘读数为 $270°00'00''$ 时，在目标上读数。若该经纬仪竖盘指标差 x 为 0 或很小时，则二次读数基本相同；若两次读数有差异则说明有指数差 x，取其平均值即可抵消指标差，而得到正确的水平视线读数。

2. 光学经纬仪以测回法测量竖直角（θ）

如图 6-16 所示，B 点时烟囱上避雷针顶点，为了测量 $M'B$ 视线的仰角 θ，其操作步骤如下：

（1）在 M 点上安置仪器对中，定平度盘水准管，仰起望远镜照准 B 点（十字横线切在 B 点顶端）。

（2）转动竖盘指针水准管微倾螺旋，定平指标水准管，读竖盘读数 $Z=68°43'36''$，则竖直角：

$\theta=90°00'00''-Z=90°00'00''-68°43'36''=21°16'24''$

以上是用盘左位置观测的，叫前半测回。

（3）再用盘右位置照准 B 点、定平指标水准管、读竖盘读数 Y＝$291°16'36''$，则后半测回值：

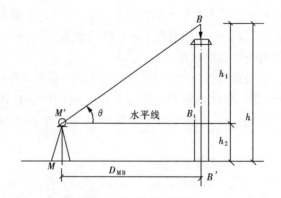

图 6-16　竖直角测法

$$\theta = Y - 270°00'00'' = 291°16'36'' - 270°00'00'' = 21°16'36''$$

（4）取前、后半两半测回值的平均值 θ，既可抵消竖盘指标差 x，又可提高成果精度，记录格式见表 6-6。

3. 电子经纬仪以测回法测量竖直角（θ）

竖直角是前视边与水平线的夹角。电子经纬仪的竖盘指标均是自动补偿的。因此，一般电子经纬仪在开机之后，都要纵向旋转望远镜使其通过水平线时而在竖盘读数窗上显示出 $90°00'00''$，以此作为竖盘读数之始，叫做"初始化"（近年来先进仪器厂家生产的电子经纬仪已采取技术措施，取消了初始化步骤），故用电子经纬仪观测竖直角时，只要初始化后，即可前视照准目标，则竖盘读数窗上立即显示出视线的竖直角度值。取盘左、盘右观测平均值，即为一测回。

4. 竖直角直接测量高差（h）（即三角高程测量）

如图 6-16 所示，为测量烟囱底 B' 点至避雷针顶端 B 点的总高差 h，步骤如下：

（1）按前述方法测出竖直角 θ。

（2）按前述方法用水平视线在烟囱神上定出 B_1，并用钢尺量出 B_1 至 B' 的高差 h_2。

（3）用钢尺量出 M 至 B' 的距离 D_{mb}，则 B_1 至 B 的高差 h_1

$=D_{mb} \cdot \tan\theta$。

（4）$h=h_1+h_2$。

5. 竖直角简介测量高差（h）、高程（H）

如图 6-17 所示，已知 BM 高程 43.714m，为测量水塔顶的高程 H_B，而又不能直接量取测站点至塔中心的距离，因此要用间接测法，也叫前方交会法，测量步骤如下：

（1）在 M 点安置经纬仪；

1）按本节第 1 点所述方法，用水平视线测出 BM 点上的水准后视读数。

2）按本章第（三）节所述测回法，测出水平角 $\angle BMN=\beta_M$ $=68°45'15''$。

3）在测水平角 $\angle BMN$ 中，后视 B 的同时，测出其仰角 θ_M $=21°16'30''$。

（2）在 N 点安置经纬仪，同上步骤测出；

（3）用钢尺往返量出 MN 距离 $D_{MN}=50.196m$。

（4）记录格式见表 6-6。

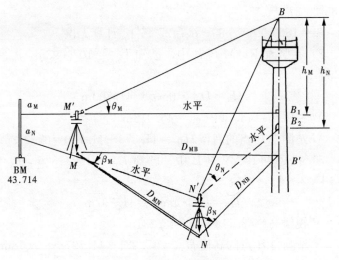

图 6-17　前方交会法测塔高

测站	盘位	目标	水平度盘读数	水平角 半侧回值	水平角 测回值	竖直度盘读数	竖直角 半测回值	竖直角 测回值
M	左	B	0°00′00″	68°45′06″	68°45′15″	68°43′36″	21°16′24″	21°16′30″
		N	68°45′24″					
	右	B	180°00′00″	68°45′24″		291°16′36″	21°16′36″	
		N	248°45′24″					
N	左	M	0°00′00″	83°29′24″	83°29′27″	67°24′42″	22°35′18″	22°35′21″
		B	83°29′24″					
	右	M	180°00′00″	83°29′30″		292°35′24″	22°35′24″	
		B	263°29′30″					

水准点上水准读数	M 站：后视读数　盘左 a'_M＝1.660m　盘右 a''_M＝1.568m　平均 a_M＝1.659m	N 站：后视读数　盘左 a'_N＝1.568m　盘右 a''_N＝1.566m　平均 a_N＝1.567m

（5）计算 B 点高程 H_b，步骤如下：

1）在 $\Delta MNB'$ 中，已知 D_{mn}＝50.196m，β_m＝68°45′15″、β_n＝83°29′27″。

β_B＝180°00′00″－β_M－β_N＝27°45′18″计算无误。

2）在竖直 $Rt\Delta M'B_1B$ 中，已知 D_{mb}＝107.093m，θ_m＝21°16′30″。

$$H_m＝D_{mb}\cdot\tan\theta_m＝41.700m$$

M'视线高＝43.714＋α_m＝45.373m

M 站测得 B 点的高程 H_{bm}＝45.373＋41.700＝87.073m

3）在竖直 $Rt\Delta N'B_2B$ 中，已知 D_{nb}＝100.462m，θ_n＝22°35′21″。

$$H_n＝D_{nb}\cdot\tan\theta_n＝41.797m$$

N'视线高＝43.714＋α_n＝45.281m

N 站测得 B 点的高程 H_{BN}＝45.281＋41.797＋87.078m

4）B 点高程 H_b

MN 两站所测高程之差＝87.078－87.073＝0.005m

MN 两站所测高程平均值 H_b＝（87.078＋87.073）÷0.5 ＝87.076m

（六）普通经纬仪的检校、保养和一般维修

1. 经纬仪检校的主要项目

（1）照准部水准管轴垂直竖轴（$LL \perp VV$）目的是定平照准部水准管时，使竖轴处于铅垂位置，以保证水平度盘处于水平位置。

（2）视准轴垂直横轴（$CC \perp HH$）目的是当望远镜绕横轴纵向旋转，使视准轴的轨迹为一平面，否则为一圆锥面。

（3）横轴垂直竖轴（$HH \perp VV$）目的是当 $LL \perp VV$ 与 $CC \perp HH$ 的情况下，望远镜纵向旋转，使视准轴的轨迹为一铅垂平面，否则为一斜平面。

2. 照准部水准管轴（LL）垂直竖轴（VV）的检校

（1）精密定平照准部水准管，如图 6-18（a）。此时水准管轴（LL）水平，但竖轴（VV）倾斜 σ。

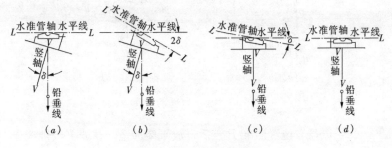

图 6-18　$LL \perp VV$ 的检校

（2）平转照准部 $180°$，若气泡仍居中，则 $LL \perp VV$；若气泡偏离中央，如图 6-18（b），则需要校正，此时水准管轴（LL）倾斜 2σ。

（3）转动定平螺旋使气泡退回偏离值的一半，如图 6-18（c），此时 VV 铅垂，但水准管轴（LL）倾斜 σ。

（4）用拨针调整水准管一端的校正螺丝，使气泡居中，即 LL 水平，则 $LL \perp VV$，如图 6-18（d）。

3. 视准轴（CC）垂直横轴（HH）的检校

（1）用盘左延长直线 AO 至 B_1，如图 6-19（a），此时 B_1 偏离 AO 的正确延长点 B、$\angle B_1OB = 2c$。

（2）用盘右延长直线 AO 至 B_2，如图 6-19（b），此时 B_2 向另一侧偏离 B 点、$\angle B_2OB = 2c$，即 B 点正处于 B_1 与 B_2 的正中位置所述的延长直线的原理。

（3）用拨针转动十字线分划板的左右校正螺丝，使视准轴 CC 由 B_2 向 B_1 方向移动四分之一 B_1B_2，则 $CC \perp HH$。

4. 横轴（HH）垂直竖轴（VV）的检校

此时检验要在 $CC \perp HH$ 的条件下进行。

（1）安置仪器于楼房近旁，以盘左位置照准高处 P 点，旋紧水平制动螺旋，放平望远镜，在墙上按视线方向定出 P_1 点，如图 6-20 所示。

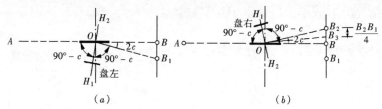

图 6-19　$CC \perp HH$ 的检校

（2）以盘右位置照准 P 点后，放平望远镜，在墙上按视线方向定出 P_2 点，若 P_1P_2 点重合，则 $HH \perp VV$，否则需要校正。

由于这项校正较复杂，应由专业人员进行。当前生产的仪器 $HH \perp VV$ 这项要求在出厂前均由厂方在组装中给以保证。

5. J6、J2 经纬仪 c 角与 i 角的限差与测定

《光学经纬仪检定规程》JG 414—2003 规定：J6 经纬仪 $c \leqslant$

$10''$、$i \leqslant 20''$，J2 经纬仪 $c \leqslant 8''$、i
$\leqslant 15''$。若为 J6 经纬仪可不校正，
若为 J2 经纬仪则应校正。

6. 竖盘指标水准管的检校

安置经纬仪后，在 $20 \sim 30m$
外立一水准尺，按本章第（五）
节第 1 点所述方法，以盘左、盘
右读出水准读数 a_1 和 a_2，若 a_1
$= a_2$ 则说明竖盘指标差为 0，即

图 6-20　$HH \perp VV$ 的检校

指标水准管正确，若 $a_1 \neq a_2$，说明有竖盘指标差，指标水准管
需要校正。校正方法是用望远镜微动螺旋将视准轴对准 0.5（a_1
$+ a_2$）读数上（此时视准轴正水平），用竖盘指标微倾螺旋将竖
盘读数对准 $90°00'00''$（盘左），此时指标水准管气泡偏离中央，
用拨针转动水准管校正螺丝使气泡居中即可。现代光学经纬仪的
竖盘指标均为自动补偿，故这项只是为检查竖盘指标差，而不进
行校正。

7. 光学对中器视准轴与竖轴（VV）不重合的检校

光学对中器是经纬仪的对中设备，包括物镜、分划板（十字
线）与目镜。

分划板刻划中心与对中器物镜中心的连线是对中器的视准
轴，应与仪器竖轴重合。检校步骤如下：

（1）在平坦的场地安置经纬仪，通过对中器刻划中心在地面
上定出一点。

（2）依次平转照准部 $90°$、$180°$、$270°$ 再定出三点，若四点
重合，则对中器视准轴与仪器竖轴重合，否则需要校正。

（3）定出四点连线的中心 O，取下护盖，露出棱镜座，调整
校正螺丝，移动分划板使刻划中心与 O 点重合为止。

8. 经纬仪的正确使用与保养

正确使用仪器是保证观测精度和延长仪器使用年限的根本措
施，测量人员必须从思想上重视，行动上落实。正确使用与保养

经纬仪除遵守所述"三防"、"两护"外，还要注意以下几点：

（1）仪器的出入箱和安置：仪器开箱时应平放，开箱后应记清主要部件（如望远镜、竖盘、制微动螺旋、基座等）和附件在箱内的位置，以便用完后按原样入箱。仪器自箱中取出前，应松开各制动螺旋、一手持基座、一手扶支架将仪器轻轻取出。仪器取出后应及时关闭箱盖，并不得坐人。

测站应尽量选在安全的地方。必须在光滑地面安置仪器时，应将三脚架尖嵌入缝隙内或用绳将三脚架捆牢。安置脚架时，要选好三脚方向，架高适当、架首概略水平，仪器放在架首上应一级旋紧连接螺旋。

观测结束仪器入箱前，应先将定平螺旋和制微动螺旋退回至正常位置，并用软毛刷除去仪器表面灰尘，再按出箱时原样就位入箱。检查附件齐全后可轻关箱盖，箱口吻合方可上锁。

（2）仪器的一般操作：仪器安置后必须有人看护、不得离开，施工现场更要注意上方有无堕物以防摔砸事故。一切操作均应手轻、心细、稳重，定平螺旋应尽量保持等高。制动螺旋应松紧适当、不可过紧，微动螺旋在微动卡中间一段移动，以保持微动效用。操作中应避免用手触及物镜、目镜。阳光下或有零星雨点应打伞。

（3）仪器的迁站、运输和存放：迁站前，应将望远镜直立（物镜朝下）、各部制动螺旋微微旋紧、垂球摘下并检查连接螺旋是否旋紧。迁站时，脚架合拢后，置仪器于胸前、一手紧握基座，一手携持脚架于肋下，持仪器前进是，要稳步行走。仪器运输时不可倒放，更要做好防震防潮工作。

仪器应存放在通风、干燥、温度稳定的房间里，仪器柜不得靠近火炉或暖气管。

（4）对电子经纬仪：要注意电池与充电器的保护与保养。

七、距 离 测 量

（一）钢尺的性质和检定

1. 钢尺的性质

（1）钢尺尺长受温度影响而冷缩热胀

钢材的线膨胀系数 α 在 $0.0000116/℃ \sim 0.0000125/℃$ 之间，故一般钢尺的线膨胀系数取 $\alpha = 0.000012/℃$，即 50m 长的钢尺，温度每升高或降低 1℃，尺长产生 $\Delta l_t = 0.000012/℃ \times (\pm 1℃) \times 50m = \pm 0.6mm$ 的误差。这样对于 50m 长的钢尺而言，其尺长将有 $10 \sim 18mm$ 的变化。由此看出钢尺尺长是使用时温度变化的函数，为此世界各国都规定了本国钢尺尺长的检定标准温度，西欧国家多取 15℃，我国规定钢尺尺长的检定标准温度为 20℃。

（2）钢尺具有弹性受拉会伸长

在钢尺的弹性范围内，尺长的拉伸是服从胡克定律的，即钢尺伸长值 Δl_P 与拉力增加值 Δ_P、钢尺尺长 L 成正比，与钢尺的弹性模量 E（200000N/mm^2）、钢尺的断面面积 A（一般为 2.5mm^2）成反比，故 Δl_P 为：

$$\Delta_{Lp} = (\Delta_P \cdot L) \div (E \cdot A) \tag{7-1}$$

由此看来钢尺尺长也是使用时所用拉力大小的函数，为此世界各国也都规定了本国钢尺尺长的检定标准拉力，西欧国家多取 100N，我国规定钢尺尺长的检定标准拉力为 49N。

（3）钢尺尺长因悬空丈量，其中部下垂（f）产生的垂曲误差（Δ_{Lf}）

钢尺尺身因悬空而形成悬链曲线，由此产生的垂曲误差

（Δ_{Lf}）为钢尺的测段长 L 与钢尺两端（等高）间的水平间距之差。若钢尺每米长的质量为 W，拉力为 P，当侧端两端等高、中间悬空时，垂曲误差值为：

$$\Delta_{Lf} = (W^2 L^3)/24P^2 \qquad (7\text{-}2)$$

若使用断面面积为 2.5mm² 的钢尺，拉力分别为 49N 和 98N 悬空丈量时产生的垂曲误差。

2. 钢尺检定项目

根据《钢卷尺检定规程》JJG 4—1999 规定：

（1）钢尺的检定项目共 3 项，如表 7-1，检定周期为一年。

钢尺检定项目 JJG 4—1999　　　　　　　　表 7-1

序号	检定项目	检定类别	
		新制的	使用中
1	外观及部分相互作用	＋	＋
2	线纹宽度	＋	-
3	示值误差	＋	＋

注：表中"＋"表示应检定；"—"表示可不检定。

（2）钢尺检定标准

1）标准温度为 20℃；

2）标准拉力为 49N；

3）尺长允许误差（平量法）：

$$Ⅰ 级尺 \Delta = \pm(0.1 + 0.1L)(\text{mm})$$

$$Ⅱ 级尺 \Delta = \pm(0.3 + 0.2L)(\text{mm}) \qquad (7\text{-}3)$$

式中　L——长度（m）。

3. 钢尺的名义长与实长

钢卷尺检定规程规定，检定必须在标准情况下进行，规定标准温度为＋20℃，标准拉力为 49N。在标准温度和标准拉力的条件下，让被检尺与标准尺相比较，而得到被检尺的实长（l 实）即在＋20℃和 49N 拉力下的实际尺长，而其尺身上的刻划注记值叫名义长（l 名）。故尺长误差（Δ）为：

尺长误差$(\Delta)=$名义长$(l\,名)-$实长$(l\,实)$　　　　(7-4)

尺长改正数$(v)=-$尺长误差$(\Delta)=$实长$(l\,实)-$名义长$(l\,名)$

　　　　(7-5)

（二）钢尺量距、设距和保养

1. 往返量距

（1）往返量距

在测量 AB 两点间距离时，先由起点 A 量至终点 B，得到往测值 $D_往=175.834\mathrm{m}$，然后再由终点 B，得到返测值 $D_返=175.822\mathrm{m}$，两者比较以达到校核目的，取其平均值 D 能够提高精度。

（2）计算精度

1）较差 $d=\mid D_往-D_返\mid$

　　　　$=\mid 175.834-175.822\mid$

　　　　$=0.012\mathrm{m}$　　　　(7-6)

2）平均值 $\overline{D}=\dfrac{1}{2}(D_往-D_返)$

　　　　$=0.5(175.834+175.822)$

　　　　$=175.828\mathrm{m}$　　　　(7-7)

3）精度 $k=d\div D=0.012\div175.828=1\div14600$　　(7-8)

2. 精密量距

为精密测量地面上两点间的水平距离，应对测量结果进行如下改正计算：

（1）尺长改正数 $\Delta_{D_1}=-(l_名-l_实)\div l_名\cdot D'=(l_实-l_名)\div l\,名\cdot D'$

　　　　(7-9)

（2）温度改正数 $\Delta D_t=\alpha\cdot(t-20\,摄氏度)\cdot D'$　　(7-10)

（3）倾斜改正数 $\Delta_{Dh}=-(h^2\div2D')$　　　　(7-11)

（4）改正数之和 $\sum\Delta_D=\Delta_{D_1}+\Delta_{Dt}+\Delta_{Dh}$　　(7-12)

（5）实际距离 $D=D'+\sum\Delta_D$　　　　(7-13)

式中　$l_名$——钢尺名义长；

　　　$l_实$——钢尺实长；

　　　D'——名义距离；

　　　$α$——钢尺线膨胀系数（一般取 0.000012/℃）；

　　　t——丈量时平均温度；

　　　h——两点间高差。

3. 精密设距

测设已知长度，即起点，测设方向和欲测设长度均已知，测设的方法有两种：

（1）如本节第 2 点所述，先用往返测法测得结果，然后进行尺长、温度和倾斜等改正计算，得到其实长，以欲测设的长度与该结果的实长比较，对往返测所定的终点点位进行改正。此法适用于测设较长的距离。

（2）计算出各项改正数，直接求欲测设距离的尺读数，此法适用于测设小于钢尺名义长的较短距离。

4. 钢尺量距的要点

（1）直：在丈量的两点间定线要直，以保证丈量的距离为两点间的直线距离；

（2）平：丈量时尺身要水平，以保证丈量的距离为两点间的水平距离；

（3）准：前后测手拉力要准（要标准拉力）；要稳。

（4）齐：前后测手动作配合要齐，对点与读数要及时、准确。

5. 钢尺的保养

钢尺在使用中要注意以下五防、一保护：

（1）防折：钢尺性脆易折，遇有扭结打环，应解开再拉，收尺不得逆转；

（2）防踩：使用时不得踩尺面，尤其在地面不平时；

（3）防扎：钢尺严禁车轧；

（4）防潮：钢尺受潮易锈，遇水后要用干布擦净，较长时间不使用时应涂油存放；

（5）防电：防止电焊接触尺身；

（6）保护尺面：使用时尺身尽量不拖地擦行以保护尺面，尤其是尺面是喷涂的尺子。

八、高新科技仪器施工测量中的应用

（一）全站仪的基本构造与操作

1. 全站仪的发展简况与基本构造

（1）全站仪的发展简况

1963 年世界上出现第一台编码电子经纬仪，加上 1947 年已经出现的光电测距技术，逐步形成电子半站仪。1968 年生产出世界上第一台全站仪——集电子测角、光电测距、电子记录计算于一体的全能仪器，从此测量工作的自动化、电子化、数字化和内、外业一体化的作业方式由理想变成现实。自从全站仪问世以后，大体上走过了 3 代。大约前一半多的时间是第一代的逐步完善阶段，主要表现远镜的同轴照准、测距与电子经纬仪测角的一体化，当时的测距精度在 10mm 左右；第二代全站仪主要表现为计算机软件进入全站仪和测距精度的提高到 5mm 左右；第三代全站仪主要表现为自动化程度与测距测角精度的进一步提高。

（2）全站仪的基本构造

1）主机：全站仪主机是一种光、机、电、算、贮存一体化的高科技全能测量仪器。测距部分由发射接收与照准成共轴系统的望远镜完成，可完成各种计算和数据贮存功能，直接测出水平角、竖直角及斜距离是全站仪的基本功能。

2）反射棱镜：由基座上安置的棱镜与对中杆上安置的棱镜两种。分别用于精度要求较高的测点上或一般的测点上，反射镜均可水平转动与俯仰转动，以使镜面对准全站仪的视线方向。

近几年来有的厂家生产出 360°反射棱镜与反射贴片，分别用于不便转动或某种固定的目标上，但反射贴片的测距精度略微低一些。有些厂家已生产出不用反射棱镜的测距仪，但测程为100m～350m左右、精度也略低、在目标处无法安置反射棱镜的情况下，使用效果很好。

3）电源：分机载电池与外接电池两种。

2. 全站仪的基本操作方法、使用与保养要点

（1）全站仪的基本操作方法

全站仪是光、电、机、算、贮等功能综合，构造精密的自动化仪器。全站仪的使用要参考电子经纬仪的使用光电测距仪的使用有关内容。使用前一定要仔细阅读仪器说明书，了解仪器的性能与特点。仪器要专人使用，按期检定、定期检查主机与附件是否运转正常、齐全。在现场观测中仪器与反射棱镜均必须有专人看守以防摔、砸。在测站上的操作步骤如下：

1）安置仪器：对中、定平后，测出仪器的视线高 $H_已$；

2）开机自检：打开电源，仪器自动进入自检后，纵转望远镜进行初始化即显示水平度盘读数与竖直度盘读数（初始化这一操作，近几年来生产的仪器已取消）；

3）输入参数：主要是棱镜常数，温度、气压及湿度等气象参数（后三项有的仪器已可自动完成）；

4）选定模式：主要是测距单位、小数位数及测距模式，角度单位及测角模式；

5）后视已知点：输入测站已知坐标（$y_已$、$x_已$、$H_已$）及后视边已知方位后，对后视点进行观测，已校核对坐标值；

6）观测前视欲求点位：一般有 4 种模式：a 测角度——同时显示水平角与竖直角；b 测距——同时显示斜距离、水平距离与高差；c 测点的极坐标——同时显示水平角与水平距离；d 测点位——同时显示 y_i、x_i、H_i；

7）应用程序测量：近代的全站仪均有内存的专用程序，可进行多种测量，如：a 按已知数据进行点位测设；b 对边测量——观测两个目标点，即可测得其斜距离、水平距离、高差及方位角；c 面积测量——观测几个坐标后，即测算出各点连接所围起的面积；d 后方交会——在需要的地方安置仪器，观测 2～5 个已知点的距离与夹角，即可以后方交会的原理测定仪器所在的位置；e 其他特定的测量，如导线测量等。

（2）全站仪的使用、保养要点

3. 第三代全站仪的构造特点

（1）光学对中改为激光对中。当打开激光对中器后，立即出现 mm 的一条鲜红色的激光束，在地上形成一个小红点，用以对中，既方便又准确。

（2）用互相垂直的电子水准器代替长水准管。只需定平水准盒，打开电子显示的电子水准器进行精密定平，精度比水准管高二倍。

（3）打开开关后，直接显示水平盒与竖直盘的读数。取消了纵转望远镜进行初始化的操作。

（4）在人眼不便观测的情况下，打开远镜激光束用以照准目标。鲜红色的激光视准轴可左右，上下进行照准、投测，甚至可铅垂的指向天顶方向，进行铅垂方向的竖向投测。

（5）光电测距有三种方式：

1）视准轴可直接照准目标反射棱镜，进行测距；

2）视准轴可直接照准目标处的反射贴片，进行测距；

3）视准轴可直接照准目标处的无反射目标，进行测距——一般视线长 60～100m，但测距精度略低一些，这对观测不可到达的目标是非常方便的；

（6）仪器内部装有温度、气压、湿度测定设备，对测距进行自动改正。

（7）仪器内部装有双轴测斜传感器 当仪器竖轴（VV）未严格铅直，从而会引起角度的观测的误差，而且不能从盘左、盘右观测中得以抵消。双轴测斜传感器则可将竖轴的倾斜，通过微处理器在度盘读数中自动改正。

（8）仪器内部的储存容量、程序软件更加丰富 有的仪器可自编程序以适应不同的需要。

（9）仪器精度进一步提高　一般测角精度为±2″，测距精度为±（2mm＋2×10⁻⁶×D）。

（10）有的仪器内部装有驱动马达　可自动追踪目标，使观测自动化。

图 8-1 为瑞士莱卡厂 2003 年生产的 TPS402 型、中文显示的第三代全站仪。测距精度±（2mm＋$2 \times 10^{-6} \times D$）、测程 3500m 无棱镜测距精度±（3mm＋$2 \times 10^{-6} \times D$）、测程 170m，测角精度 2″。上面 1～9 项性能均具备。

(a) (b)

图 8-1　瑞士徕卡厂生产的 TPS402 型全站仪

(a) 瑞士徕卡厂生产的 TPS 402 型全站仪；(b) TPS 402 型显示器

（二）GPS 全球卫星定位系统在工程测量中的应用

1. GPS 全球卫星定位系统简况与功能

（1）GPS：是英文 Navigation Satellite Timing and Ranging/Global Position System 的缩写词 NAVSTAR/GPS 的简称。其含义是利用卫星的测时和测距进行导航，以构成全国定位系统，国际上简称为 GPS。它可向全国用户提供连续、实时、全天候、高精度的三维位置、运动物体的三维速度和时间信息。GPS 技术除用于精密导航和军事目的外，还广泛应用于大地测量、工程测量、地球资源调查等领域。在施工测量中近年来用于高层建（构）筑物的台风震荡变形观测取得良好的效果。

（2）GPS 的基本组成分三大部分，即空间部分、地面控制部分和用户部分，如图 8-2 所示。

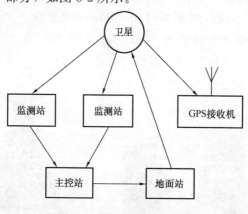

图 8-2 GPS 的三部分组成

1）空间部分：由 24 颗位于地球上空平均 20200km 轨道上的卫星网组成，如图 8-3，卫星轨道成近圆形，运动周期 11h58min。卫星分布在 6 个不同的轨道面上，轨道面与赤道平

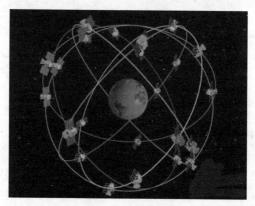

图 8-3 GPS 卫星网

116

面的倾角为 55°，轨道相互间隔 120°，相邻轨道面邻星相位相差为 40°，每条轨道上有 4 颗卫星。卫星网的这种布置格局，保证了地球上任何地点、任何时间能相同观测到 4 颗卫星，最多能观测到 11 颗，这对测量的精度有重要的作用。卫星上发射三种信号——精密的 P 码、非精密的捕获码 C/A 和导航电文。

2）地面控制部分：包括一个主控站设在美国的科罗拉多，负责对地面控制站的全面监控。四个监控站分别设在夏威夷、大西洋的阿松森岛、印度洋的迭哥伽西亚和南太平洋的卡瓦加兰，如图 8-4 所示。监控站内装有用户接收机、原子钟、气象传感器及数据处理计算机。各站间用现代化的通信网络联系起来，各项工作实现了高度的自动化和标准化。

○5监控站　△3注入站　▲ 主控站

图 8-4　GPS 地面控制站的分布

3）用户部分：它是各种型号的接收机，一般由 6 个部分组成：天线、信号识别与处理装置、微机、操作指示器与数据存储、精密振荡器以及电源。如图 8-5 为北京光学仪器厂生产的 GJS 型 GPS 接收机。接收机主要功能是接收卫星播发的信号并利用本身的伪随机噪声码取得观测量以及内含卫星位置和钟差改正信息的导航电文，然后计算出接收机所在的位置。

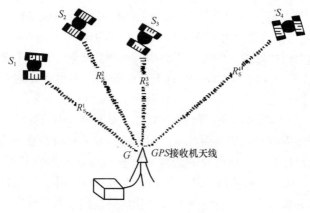

图 8-5　绝对定位原理

（3）GPS 定位系统的功能特点

1）各测站间不要求通视：但测站点的上空要开阔能收到卫星信号；

2）定位精度高：在小于 50km 的 GPS 接收机基线上，其相对精度可达 $1 \times 10^{-6} \sim 2 \times 10^{-6}$；

3）观测时间短：一条基线精度相对定位要 $1 \sim 3h$，短基线的快速定位只需几分钟；

4）提供三维坐标；

5）操作简捷；

6）可全天候自动化作业。

2. GPS 全球卫星定位系统的定位原理

（1）绝对定位原理

用一台接收机，将捕捉到的卫星信号和导航电文加以解算，求得接收机天线相对见于 WGS 坐标系原点（地球质心）绝对坐标的一种地位方法，精度只能到米级。广泛用于导航和大地测量中的单点定位。求算测站点坐标实质上是空间距离的后方交会，如图 8-5 所示。

（2）相对定位原理

近些年来发展最快的高精度相对定位方法是实时动态差分定

位技术 RTK（Real-Time kin emetic），它已经使得 GPS 技术大范围地应用于地形测图、地籍测绘和道路中线测量，平面精度可达±（1～2）cm。

将一台（或两台）接收机安置在已知坐标的测站点（如图 8-6 中的 T_1）上，叫做基准站（或参考站）通过数据链——调制调解器，将其观测值及站点的坐标信息通过无线电信号一起传送给观测站（或流动站如图 8-6 中的 T_2）。观测站不仅接收来自基准站的数据，其自身也要采取 GPS 卫星信号观测数据，并在系统内组成差分观测值进行实时处理，瞬时地给出相当于基准站的观测点坐标。

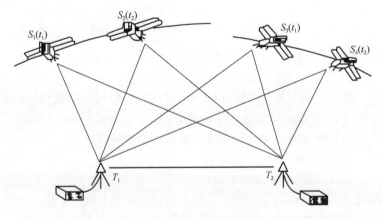

图 8-6　相对定位原理

3. GPS 全球定位系统的精度等级与 GPS 接收机的检定项目

（1）GPS 精度划分

根据《全球定位系统（GPS）测量规划》GB/T 18314—2001，GPS 精度划分为 AA、A、B、C、D、E6 级。各级 GPS 测量的用途，见表 8-1，各级 GPS 网相邻点间基线长度精度用式 8-1 表示，并按表 8-1 规定执行。

$$\sigma = \pm\sqrt{A^2 + (B \times 10^{-6} \times D)^2} \tag{8-1}$$

等级	固定误差 a（mm）	比例误差系数 b	各等级 GPS 测量的用途
AA A	$\leqslant 3$ $\leqslant 5$	$\leqslant 0.01$ $\leqslant 0.1$	AA、A 级可作为建立地心参考框架的基础 AA、A、B 级可作为建立国家空间大地测量控制网的基础
B C D E	$\leqslant 8$ $\leqslant 10$ $\leqslant 10$ $\leqslant 10$	$\leqslant 1$ $\leqslant 5$ $\leqslant 10$ $\leqslant 20$	B 级主要用于局部形变监测的各种精密工程测量 C 级主要用于大、中城市及工程测量的基本控制网 DE 级主要于中、小城市、城镇及测图、地籍、土地信息、房产、物探、勘测、建筑施工等控制测量

（2）GPS 接收机的检定

根据《全球定位系统（GPS）测量型接收机检定规程》CH 8016—1995 来进行检定。

4. GPS 全球卫星定位系统在工程测量中的应用

（1）在控制测量中的应用

由于 GPS 测量能精密确定 WGS－84 三维坐标，所以能用来建立平面和高程控制网，在基本控制测量中主要作用是：建立新的地面控制网（点）；检核和改善已有的地面网进行加密等。在大型工程建立独立控制网中，如在大型公用建筑工程、铁路、公路、地铁、隧道、水利枢纽、精密安装等工程中有着重要的作用。在图根控制方面，若在 GPS 测量与全站仪相结合，则地形碎步测量、地籍测量等是省力、经济和有效的。

（2）工程变形监测中的作用

工程变形包括建筑物的位移和由于气象等外界因素而造成的建筑物变形或地壳的变形。由于 GPS 具有三维定位能力，可以成为工程变形监测的重要手段，它可以监测大型建筑物变形、大坝变形、城市地面及资源开发区及地面的沉降、滑坡、山崩；还能监测地壳为地震预报提供具体数据。

（3）在海洋测绘中的应用

这种应用包括岛屿间的检测，大陆架控制测量，浅滩测量，浮标测量，码头测量，海洋石油钻井平台定位以及海底电缆测量。

（4）在交通运输中的应用

GPS测量应用于空中交通运输中既可保证安全飞行，又可提高效益。在机动指挥塔上设立GPS接收机，并在各飞机上装有GPS接收机，采用GPS动态相对定位技术，则可为领航员提供飞机的三维坐标，以便安全飞行和着陆。对于飞机造林，森林火灾、空投救援、人工降雨等，GPS能很容易满足导航精度，提高了导航的效益。在地面交通运输中，如车辆中设有GPS接收机，则能监测车辆的位置和运动。由GPS接收机和处理机测得的坐标，传输到中心站，显示车辆位置，这对于指挥交通调度铁路车辆及出租汽车等都很方便的。

（5）在建筑施工中的应用

在上海新建的八万人体育场的定位中，在北京国家大剧院与首都机场扩建的定位检测中均使用了GPS定位。

九、测量误差的基本理论

（一）测量误差的基本概念

1. 真误差（Δ）

测值 L（也叫观测值）与被测物理量的真值 X 之差（也叫绝对误差）

2. 测量中产生误差的原因

任何一项测量工作，都是由观测值使用一定的仪器在一定的环境条件下进行的。由于观测者的感官鉴别能力有限和操作水平的不同，仪器不可能绝对精良，观测时外界环境千变万化。这样观测中产生的误差是不可避免的。产生误差的原因可分以下三个方面：

（1）仪器方面的误差

主要是仪器制造与组装误差，虽然仪器在出厂前均通过检验，但总会有残误差；此外仪器在使用中，均定其检验与验校，但也均由允许的误差存在。

（2）外界环境影响的误差

主要是天气变化与地势的起伏等，如温度与风吹对钢尺量距的影响，大气折光与仪器下沉对水准测量的影响等。

（3）观测者感官能力有限

主要是观测者的眼睛鉴别能力仅为 $1'$，此外操作水平的高低也有直接影响观测的质量。

3. 测量误差的分类

（1）系统误差

在一定观测条件下的一系列观测值中，其误差大小，正负号均保持不变，或按一定规律性变化的测量误差，也叫常差，其性质是累积性，例如钢尺量距中由于尺长不准产生的误差。系统误差特征有二：

1）系统误差的大小为一常数或按一定的物理、几何规律产生的误差，其大小随单一观测值的增长而形成线性的或函数性的累计误差。为此，可针对其规律通过计算或实验对观测结果进行改正，以削减其影响。如对钢尺量距结果进行尺长、温度与倾斜等的改正。

2）系统误差的符号（正、负）保持不变。为此，观测中可采取对称性的措施，削减其影响，如水准测量中取前后视线相等的测法削减 i 角误差的影响，竖直角观测中，取盘左盘右平均，削减竖盘指标指差的影响。

（2）随机误差

在一定观测条件下的一系列观测值中，其误差大小、正负号不定，但符合一定的统计规律的测量误差。随机误差特征有四：

1）小误差的密集型：即绝对值小的误差较绝对值大的误差出现的机会多，近于零的误差出现的机会最多；

2）大误差的有界限：从误差出现的范围看，在一定的观测条件下，误差的绝对值不会超过一定的限度；

3）正负误差的对称性：从正、负误差出现的可能性看，绝对值相等的正误差和负误差出现的机会相等；

4）全部误差的抵消性：从正负误差出现的机会相等性看，在大量的观测中，随机误差的算术平均值是趋近于零的。

（3）错误

在一定观测条件下的一系列观测中，由于工作不过细或措施不周密，而使观测值中产生的超过规定限差的测量误差，也叫粗差。在测量放线中，每一个环节均可能出现错误。若某一环节的错误没有发现，将给施工造成严重影响，这方面的教训是不胜枚举的。测量放线中发生错误的主要原因有：

1）起始依据方面的错误：主要是设计图纸中的错误、测量起始点位或依据的错误以及仪器方面的问题；

2）计算放线数据的错误：主要是原始记录有错、转抄原始数据有错、用错公式或计算中有错；

3）观测中的错误：主要是用错点位、仪器没检校或部件失灵、操作不当或测距仪与棱镜不配套等；

4）记录中的错误：主要是听错、记错、漏记等；

5）标志的错误：主要是放线人员给出的标志不明确或施工人员用错标志，如轴线不是中线等；

总之，从审核起始依据开始，经过多道工序至最后交付施工使用中，若有100道工序，其中只要有一道工序有错而没有发现，最后成果就是错误，即"99道工序对"＋"1道工序有错"＝错。

4. 衡量测量精度的标准

（1）中误差（m）

中误差也叫均方误差，用 m 表示；数理统计学中叫标准差，用 δ 表示。在一组观测条件相同的观测值中，各观测值 l_i 与真值 x 之差叫做真误差 $\Delta_i = x - l_i$，分别以 Δ_1、Δ_2……Δ_n 表示，观测次数为 n，则表示该组观测值质量的中误差 m 为：

$$m = \pm \sqrt{\frac{\Delta\Delta}{n}} \qquad (9\text{-}1)$$

式中 n 是观测值的个数；$[\Delta\Delta] = \Delta_1^2 + \Delta_2^2 + \Delta_3^2 + \cdots + \Delta_n^2$

如 m 值小即表示观测精度较好，m 值大则表示精度较差。

（2）相对误差（k）

相对误差也叫精度，它本身是一个比值，即以观测量的误差，如导线全长闭合差（f）、边长中误差（m）或往返丈量较差（ΔD）等作为分子，以观测量 T 分母，此比值以分子等于1的形式表示出来。如

$$k = \frac{1}{T} \qquad (9\text{-}2)$$

5. 正确对待测量放线中的误差与错误

（1）观测中产生误差是不可避免的，因此必须按规程作业，

使观测成果精度合格。

（2）工作中出现的错误也是难以杜绝的，因此作业中要采取严格的校核措施，在最后成果中发现并剔除它。

（3）为了减少误差，保证最终成果的正确性，在作业前要求严格审核起始依据的正确性，在作业中要坚持测量、计算工作步步有校核的工作方法。

6. 保证测量放线最终成果正确性的两个基本要素

测量放线工作中坚持做到测量、计算步步有校核，一般只能发现观测中的错误，而不能发现起始依据中的错误。

例如只根据一个水准点，用往返测法引测高程，尽管在往返观测中做到测、算步步有校核，测得精度较好的两点高差，但若已知高程点位有误或已知高程数据有误，则根据其推算出的未知点高程，必然是有误的。

又例如在施工测量中，若设计图中数据有误，根据它进行测设，虽在测设中认真做到测、算步步有校核，但因起始依据有误，其测得的最终成果必然是有误的。

根据以上两例可以看出在测量放线工作中，必须首先取得正确的起始依据，然后再坚持测量放线中测算步步有校核的作业方法，才可能保证最终成果是正确的。

十、测设工作的基本方法

（一）测设点位的基本方法

1. 直角坐标法测设点位

（1）测法：如图 10-1（a）所示：欲根据平行于建筑物的坐标轴，将 M、N、P、Q 各点测设的地面上，先计算出各点与原点 O 的纵、横坐标差，再据此测设各点点位。

以测设 M、P 点为例：

1）计算出 $\Delta_y = y_m - y_o$、$\Delta_x = x_M - x_0$；

2）将经纬仪安置在 0 点，在 OY 方向上量边长 Δ_y 定出 1 点；

3）将经纬仪迁至 1 点，以 y 方向为后视，用测回法逆时针转 90°，在此方向上量边长 Δ_x 及 MP 间距，定出 m 点及 p 点；

4）按以上步骤可定出其他各点；

5）在上述测设中选择测设条件是应注意尽量以长边作后视测设短边，以减小误差。

如图 10-1（a）所示：应在 oy 轴上定 1、2 点，测设 M、P 与 N、Q；而不应在 OX 轴上定 3、4 点，测设 M、N 与 P、Q。

（2）适用条件：矩形布置的场地与建筑物，且与定位依据平行或垂直。

（3）优点：计算简便，施工方便，精度可靠。

（4）缺点：安置一次经纬仪只能测设 90°方向上的点位，迁站次数多，效率低。**例题**：已知红线甲乙长 39.000m，建筑物与红线平行，其对应关系如图 10-1（b）所示，如何用直角坐标法测定该建筑物的位置？

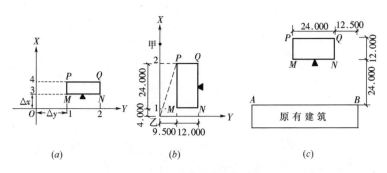

(a)   *(b)*   *(c)*

图 10-1 直角坐标法测设点位（单位：m）

解：（1）以乙点为原点、乙甲为 x 方向，建立平面直角坐标系，各点的直角坐标（y，x）如表 10-1。

直角坐标法测设点位   表 10-1

点名	直角坐标 R（m）		间距（m）
	横坐标 y	纵坐标 x	
乙	0.000	0.000	39.000
甲	0.000	39.000	
M	9.500	4.000	12.000
N	21.500	4.000	24.000
Q	21.500	28.000	12.000
P	9.500	28.000	
M	9.500	4.000	24.000

（2）在乙点安置经纬仪后视甲点，定出 1 点和 2 点后，校测 2 甲间距为 $39.000-24.000-4.000=11.000$m

（3）分别在 1 点与 2 点上安置经纬仪，后视甲点，顺时针测设 $90°$，用钢尺在该方向上定出 M、N 与 P、Q。

（4）用钢尺校核 NQ 两点间的距离和对角线（或用经纬仪校核 $\angle N$ 或 $\angle Q$）是否合格。

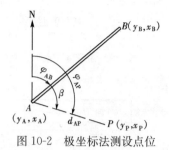

图 10-2 极坐标法测设点位

2. 极坐标法测设点位

（1）测法 如图 10-2 所示：A（y_A，x_A）、B（y_B，x_B）为已知坐标的控制点，P 为欲测点位，已知其极坐标值（y_P，x_P）。

1）根据点坐标值计算测设要素 β 角与 d_{AP} 边长。计算公式如下：

①计算各边方位角

$$\varphi_{AB} = \arctan \frac{y_B - y_A}{x_B - x_A}$$

$$\varphi_{AP} = \arctan \frac{y_P - y_A}{x_P - x_A} \tag{10-1}$$

②计算夹角 $\beta = \varphi_{AP} - \varphi_{AB}$ \hfill (10-2)

③计算边长 $d_{AP} = \sqrt{(y_P - y_A)^2 + (y_P - y_A)^2}$ \hfill (10-3)

2）将经纬仪安置在 A 点，以 B 点为后视，测设 β 角，在此方向上量边长 d_{AP}，即得 p 点。

（2）使用条件：各种形状的建筑物定位放线均可。

（3）优点：只要通视、易量距，安置一次全站仪或经纬仪可测设多个点位，效率高、使用广泛、精度均可、误差不积累。

（4）缺点：计算工作量较大。

例题：如图 10-1（b）如何用极坐标在乙点测设该建筑物的位置？

解：（1）按公式（10-1）、式（10-3）计算测设数据 ϕ 和 d，如表 10-2。

（2）在乙点安置经纬仪以 $0°00'00''$ 后视甲点，在视线方向上量 28.000m 定出 2 点，转动望远镜至 $18°44'29''$，在视线方向上量 29.568m 地定 p 点，实量 $2p$ 间距 9.500m。其他各点类推。

（3）校核各点间距及对角线长度。

极坐标测设点位　　　　　　　　　　　　表 10-2

测站	后视	点名	直角坐标 R（y，x）(m)		极坐标 p（r，θ）		间距 D (m)	备注
			横坐标 y	纵坐标 x	极距 d(m)	极角 φ		
乙	甲		0.000	0.000				
			0.000	39.000	39.000	0°00′00″	39.000	红线桩
		2	0.000	28.000	28.000	0°00′00″	11.000	红线桩
		P	9.500	28.000	29.568	18°44′29″	9.500	
		Q	21.000	28.000	35.302	37°31′09″	12.000	
		N	21.000	4.000	21.869	79°27′39″	24.000	
		M	9.500	4.000	10.308	67°09′59″	12.000	
		I	0.000	4.000	4.000	0°00′00″	9.500	

3. 角度交会法测设点位

（1）测法：如图 10-3（a）所示：A、B、C 为已知坐标的控制点，N 为欲测设点，坐标值已知。

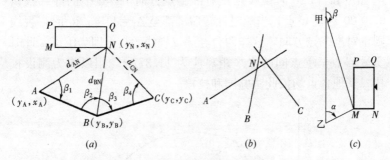

图 10-3　角度交会法测设点位

1）计算各夹角的方法与极坐标法相同；

2）在 A、B、C 三点各安置一台经纬仪，根据夹角 β_1、β_2、β_4 交会出 N 点位置；

3）由于各种误差的存在，一般三条方向线多交出一个小三角形，"示误三角形"如图 10-3（b）。当其各边均在允许范围内时，则取示误三角形重心为所求 N 点。

（2）使用条件：距离较长、地形较复杂、不便量距的情况。

（3）优点：不用量边，测设长距离时，精度比量度高。

（4）缺点：计算量较大，交会角度受限制，一般在 30°～120°之间。

例题：如图 10-3（c），如何用角度交会法测设该建筑物的位置？

解：（1）据表 10-1 中各点的直角坐标，按公式（10-1）、公式（10-2）和图 10-1（c）计算角度交会所需要数据，据表 10-2。

（2）在甲乙两点同时安置两台经纬仪后视乙甲方向，分别以 β 和 α 测设出两条方向线，其交点即为 N 点的点位，同时交会出其他各点点位。

（3）用钢尺校核 M、N、Q、P 各点间的距离和对角线长度

测设时，C 点上的经纬仪以 $70°20'00''$ 后视 D 点后，逆时针转照准部至 $0°00'00''$ 时，视线正为 C 点的切线方向，当照准部转至 $\Delta_1 = 11°43'20''$ 时视线则正对准①点方向。D 点上的经纬仪以 $0°00'00''$ 后视 C 点，当顺时针转照准部至 $\Delta_1 = 11°43'20''$ 时，视线则正对准①点方向，这样两台经纬仪视线的交点即为①点，此时实量 C 点至①点间的水平距离应为 11.377m，用以作为测设校核。其他各点均依此法施测和校核。

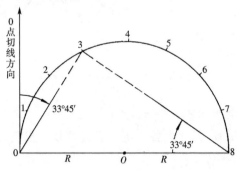

图 10-4　角度交会法测设圆曲线上的点位

4. 距离交会法测设点位

（1）测法：如图 10-3 (a) 所示：

1）根据各点坐标值，反算出各控制点 A、B、C 至欲测设点 N 的距离 d_{AN}、d_{BN}、d_{CN}；

2）由两点或两点以上控制点用钢尺划弧，交会出点位；

3）与角度交会法相同，当由三点控制点用钢尺划弧交会时，一般也会产生"示误三角形"，处理方法同前。

（2）适用条件：场地平整、易于量距且距离小于钢尺长度的情况。

（3）优点：操作简单、不用经纬仪、测设速度快、精度可靠。

（4）缺点：局限性大、适用范围小。

（二）测设圆曲线的基本方法

1. 圆曲线各部位名称与测设要素的计算公式

圆曲线是建筑工程与道路工程中常用的曲线，如图 10-5 所示：

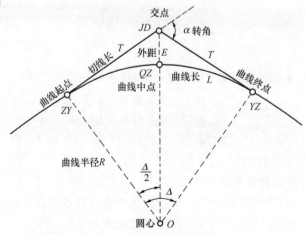

图 10-5　圆曲线各部分

131

（1）圆曲线各部位名称

1）交点（JD）：两切线的交点是根据设计条件测设的，也叫转折点或 IP 表示；

2）转角（α）：当两切线方向确定后，则可用经纬仪实测其角值，也叫折角或用 I 表示；

3）半径（R）：圆曲线半径是设计给定的数值。

（2）圆曲线主点

1）曲线起点（ZY）：切线与圆曲线的切点，也叫直圆点或用 BC 表示；

2）曲线中点（QZ）：圆曲线的中点，也叫曲中点或用 MC 表示；

3）曲线终点（YZ）：切线与圆曲线的切点，也叫圆直点或用 EC 表示。

（3）测设要素：如图 10-5 所示：当交点（JD）位置确定后，转角（α）与半径（R）即为确定圆曲线的设计要素。

1）主点测设元素计算

$$T = R\tan\frac{\alpha}{2}$$

$$L = \frac{\alpha \pi R}{180}$$

$$E = R\left(\sec\frac{\alpha}{2} - 1\right)$$

$$D = 2T - L$$

2）主点桩号计算：ZY 桩号＝JD 桩号－T

QZ 桩号＝ZY 桩号＋$L/2$

YZ 桩号＝QZ 桩号＋$L/2$

JD 桩号＝QZ 桩号＋$D/2$＝YZ 桩号－T＋D（检核）

3）主点测设

① 测设曲线起点（ZY）

在 JD 点安置经纬仪，后视相邻交点或转点方向，自 JD 点沿视线方向量取切线长 T，打下曲线起点桩 ZY。

② 测设曲线终点（YZ）

经纬仪照准前视相邻交点或转点方向，自 JD 点沿视线方向量取切线长 T，打下曲线终点桩 YZ。

③ 测设曲线中点（QZ）

沿测定路线转角时所测定的分角线方向，量外距 E，打下曲线中点桩 QZ。

2. 圆曲线的详细测设

当地形变化不大、曲线长度小于 40m 时，测设曲线的三个主点已能满足设计和施工的需要。如果曲线较长，地形变化大，则除了测定三个主点以外，还需要按照一定的桩距，在曲线上测设整桩和加桩。测设曲线的整桩和加桩称为圆曲线的详细测设。《公路勘测规范》JTG C10—2007 规定，平曲线上中桩，宜采用偏角法、切线支距法和极坐标法敷设。

1）偏角法

偏角法测设曲线的原理是：根据偏角和弦长交会出曲线点，由 ZY 点拨偏角方向与量出的弦长 c_1 交于 1 点，拨偏角与由 1 点量出的弦长 c_2 交于 2 点；同样方法可测设出曲线上的其他点。

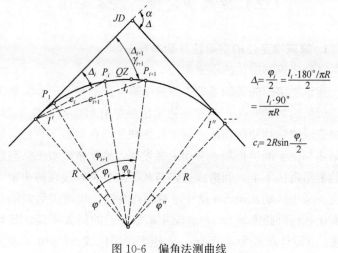

$$\Delta_i = \frac{\varphi_i}{2} = \frac{l_i \cdot 180°/\pi R}{2}$$

$$= \frac{l_i \cdot 90°}{\pi R}$$

$$c_i = 2R\sin\frac{\varphi_i}{2}$$

图 10-6　偏角法测曲线

2）切线支距法

切线支距法，实质为直角坐标法。它是以 ZY 或 YZ 为坐标原点，以 ZY（或 YZ）的切线为 x 轴，切线的垂线为 y 轴。x 轴指向 JD，y 轴指向圆心 O。

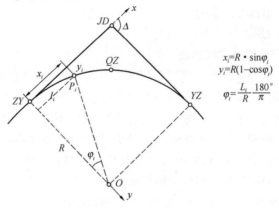

图 10-7　切线支距法测设圆曲线

（三）建筑物定位的基本方法

1. 建筑物定位的重要性与基本方法

（1）建筑物定位的重要性

建筑物定位的正确是施工测量中第一位的重要工作，是工程施工成败的关键所在。若建筑物定位一旦有错而造成施工事故，轻则造成建筑物使用功能上的永久性缺欠，重则返工重建。如某桥梁施工由于测量控制点有误未能发现，致使桥梁竣工后与后开工的主路衔接不上，而造成道路与其下的各种管线在桥头前强行改线。某小区幼儿园±0 设计绝对高程写错，当竣工后，幼儿园地面比栏杆外路面底 1m，造成儿童家长们的极大不满。某政府大楼±0 设计高程为 53.54m，而施工中错用成 54.53m，竣工后施工单位不得不免费在大楼四周砌筑高 0.8m 宽 5.0m 的花坛，以解决楼内外不应有的高差之误。更严重的某小区 13♯楼西南角的坐标被设计者误写到西北角，当施工至＋1.6m时，才发现该楼与其西南的8♯楼间距窄了一个楼宽，而不得不炸掉，损失数十万元。

（2）建筑物定位的基本内容方法与要点

建筑物定位的基本内容是根据设计要求，在地面上预定的地方定出建筑物的主轴线或中线位置，作为建筑物细部定位的依据。

建筑物定位的基本测设方法有两大类：一类是根据工程现场的测量控制点与拟建的建筑物的设计坐标定位；另一类是根据工程现场的原有建筑物与拟建的建筑物的设计关系相对位置定位。

在建筑物定位前，一定要严格校核或确认定位起始依据点位，审校设计图纸上的定位关系与尺寸，以及检定和检校所用仪器与钢尺。在施测中无论采用什么方法，一条主轴线或中线上至少要定出三个点，一个矩形建筑物上至少也要定出三个点以便于测设校核，防止差错。

2. "一"字形主轴线的坐标法定位

根据设计总图纸上建筑物主轴线或中线的设计坐标，以工程现场附近现有的测量控制进行实地测设。如图 10-8（a）中是现有测量控制点，W、O、E、是欲测设的"一"字形建筑物主轴线，测设工作先将 W、O、E 三点的施工坐标换算成测量坐标再根据它们的坐标和附近现有测量控制点的关用极坐标法、交会法或其他方法分别测设出 W'、O'、E' 三点初测点位。

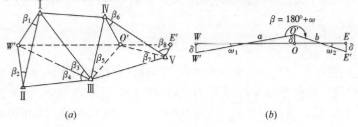

(a)　　　　　　　　　　　(b)

图 10-8　"一"字形主轴线的坐标定位

为了检查所测设出轴线上的三点 W'、O'、E'、是否在一条直线上，如图 10-8 (*a*)。在 O' 点安置经纬精确测出角 $W'O'E'$ 的角值，若与 180° 相差在允许范围内应进行调整。调整时是将 W'、O'、E' 三点沿垂直方向均匀移动一个相等的改正数，但 O' 点与 W'、E' 两点移动的方向相反，如图 10-8 (*b*)。

当 W'、O'、E' 三点在轴线的垂直方向上，各自调整了 δ 值后，应用经纬仪进行检验，与结果与 180° 的差值，应小于 $\pm 5''$，否则应再进行改正。

3. 关系位置法定位

（1）根据已知直线与线内已知点位向线外定位

1）直角坐标法：图 10-9 (*a*) 为南京金陵饭店定位的情况。它是由城市规划部门给定的广场中心 E 点起，沿道路中心线向西量 $y=123.300$m 定 S 点，然后由 S 点逆时针转 90° 定出建筑群的纵向主轴线－X 轴，由 S 点起向北沿 X 轴量 $x=84.200$m，定出建筑的纵轴（x）与横轴（y）的交点 O。

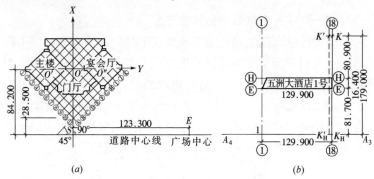

图 10-9　建（构）筑物定位图（一）

图 10-9 (*b*) 为五大洲大酒店 1 号楼定位情况。A3～A4 侧建筑红线，间距 270.000m。K 为 2 号楼的圆心，它在 A_3A_4 边上的垂足为 K_H，垂距 K～K_H=179.000m。A_3、A_4 和 K 点由城市规划部门已在现场测定。1 号楼①轴至⑱轴东西距长 129.900m，Ⓔ轴至Ⓗ轴南北宽 16.400m，定位条件是⑱轴与 K、KH 重合，Ⓔ轴平

136

行 $A_3 \sim A_4$ 边，垂距为 81.700m。根据红线外一点 K 进行定位的测设中，首要的问题是准确地在红线上定出 K 点的垂足 K_H 点。由于现场暂设工程的影响，除 A_3 至 A_4 通视外，A_3 至 K 和 A_4 至 K 均不能通视，且只有在 K、K_H 线的左右，留有 3~4m 的一条通道可用来定位使用。为此，先将经纬仪以正倒镜挑直法，准确安置在 A_3A_4 线的 K' 点上；以 A_4 为后视顺时针转 90°00′00″ 定出垂线，并在此方向上由 K'_H 起，量 179.000m 为定出 K' 点；移仪器于 K' 点上，从 K'_H 为后视，逆时针转 90°00′00″，检查 K 点在视线南侧仅 6mm，说明 K 点至 A_3A_4 红线的间距正确；经实量 $K'K$ 间距为 2.182m，这样由 K'_H 向 A_3 方向量 2.182m，准确定出 KH 点，由 K'_H 向 A_4 方向量 129.900－2.182＝127.718m，准确定出①轴延长点 1；最后由 K_H 点和 1 点作 A_3A_4 方向的垂直方向线，并在其上定出Ⓔ轴和Ⓗ轴。

2）极坐标法：图 10-10（a）为五幢塔楼运动员公寓，1 号~4 号楼的西南角正布置在半径 $R＝186.000$m 的圆弧形地下车库的外缘。定位时可将经纬仪安置在圆心 O 点上，用 0°00′00″ 后视 A 点后按表 10-3 中 1 号~5 号点的设计极坐标数据，由 A 点起依次定出各幢塔楼的西南角点 1、2、3、4、5，并实量各点间距作为校核。

点 位 测 设 表 表 10-3

工程名称：运动员公寓 日期：1997.4.20 单位：住三 计算：王×× 校核：辛××

测站	后视	点名	直角坐标 R(y,x)(m)		极坐标 P(r,θ)		间距 D(m)	备注
			横坐标 y	纵坐标 x	极距 d(m)	极角 φ		
O			0.000	0.000	0.000	0°00′00″		
	A		0.000	186.000	186.000	5°18′00″		
							17.199	
		1	17.181	185.205	186.000	23°06′00″		
							57.552	
		2	72.975	171.087	186.000	40°54′00″		
							57.552	
		3	121.782	140.589	186.000	60°24′00″		
							62.998	
		4	161.726	91.873	186.000	79°24′00″		
							63.815	
		5	192.655	36.054	196.000			

137

3）交会法：图 10-10（b）为某重要路口北侧折线形高层建筑 $MNQP$，其两侧均平行道路中心线，间距 d。定位时，先在规划部分给出的道路中心线上定出 1、2、3、4 点，并根据 d 值定出各垂线上的 $1'$、$2'$、$3'$、$4'$ 点，然后由 $1'2'$ 与 $4'3'$ 两方向线交会定出 S' 点，最后由 S' 点和建筑物四廓尺寸定出矩形控制网 $M'S'N'Q'R'P'$。

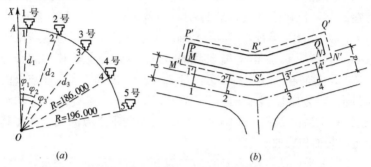

图 10-10　建（构）筑物定位图（二）

（a）建筑物极坐标法定位图；（b）建筑物交会法定位图

（2）根据已知直线与线外已知点位向线外定位

1）用全站仪定位：图 10-11（a）JD1～JD2 为要定位的路中线，定位条件是：JD1～JD2 平行路北侧 MN 且方向指向铁塔尖 P 点，JD2 在桥中线方 1～方 2 的延长上方向。

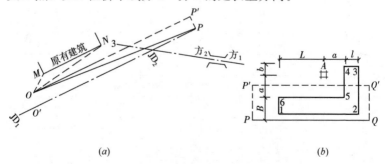

图 10-11　建（构）筑物定位图（三）

（根据已知直线与线外已知点向外线外定位）

（a）用全站仪定位；（b）用钢尺、小线及线坠定位将全站仪安置在通视较好的 O 点，测出 OM、ON 与 OP 距离，测出 $\angle MON$、$\angle NOP$。在 $\angle OMN$ 中可算出 $\angle ONM$。由于 $MN//OP'//O'P$，故 $\angle P'OP = \angle NOP - \angle NOP'$ 在 $Rt\triangle OPP \cong Rt\triangle PO'O$ 中：$\angle P'OP = \angle O'PO$、$OO' = PP'OP_2 \tan\angle P'OP$。这样全站仪在 O 点上即可测设出 O'，将全站仪安置在 O' 照准铁塔尖 P，与方 1～方 2 的连线即可交出 JD_2 点点位。

2) 用钢尺、小线及线坠定位：图 10-11 (b) 中 1、2、6 为要定位的建筑物，定位条件是：

12//PQ，古井中心 A 距建筑物 56 边与 45 边的距离均为 a。

十一、建筑工程施工测量前的准备工作

（一）施工测量前的准备工作的主要内容

1. 准备工作的主要目的

施工测量准备工作是保证施工测量测量全过程顺利进行的基础环节。准备工作的主要目的有以下 4 项：

（1）了解工程的总体情况，包括工程规模、设计意图、现场情况及施工安排等 。

（2）取得正确的测量起始依据 ，包括设计图纸的校核，测量依据点位的校测，仪器、钢尺的检定与检校。这项是准备工作的核心，取得正确的测量起始依据是做好施工测量的基础。

（3）制定切实可行又能预控质量的施测方案，根据实际情况与"施工测量规程"要求制定，并向上级报批。

（4）施工场地布置的测设：按施工场地总平面布置图的要求进行场地平整、施工暂设工程的测设等。

2. 制定测量放线方案的准备工作

制定测量放线方案前应做好以下 3 项主要的准备工作：

（1）了解工程设计

在学习与审核设计图纸的基础上，参加设计交底、图纸会审，以了解工程性质、规模与特点；了解甲方、设计与监理各方对测量放线的要求。

（2）了解施工安排

包括施工准备、场地总体布置、施工方案、施工段的划分开工顺序与进度安排等。了解各道工序对测量放线的要求，了解施工技术与测量放线，验线工作的管理体系。

（3）了解现场情况

包括原有建（构）筑物，尤其是各种地下管线与建（构）筑物情况，施工对附近建（构）筑物的影响，是否需要监测等。

总之，在制定测量放线方案之前，应做到以前的"三了解"达到情况清楚。对测量放线的方法与精度要求明确，以便能有的放矢的制定好测量放线方案。

3. 施工测量方案应包括的主要内容

施工测量工作是引导工程自始至终顺利进行的控制性工作，施工测量方案是预控质量，全面指导测量放线工作的依据。因此，在工程开工之前编制切实可行预控质量的施工测量方案是非常有效的。施工测量方案包括以下几方面的主要内容：

（1）工程概况　场地位置、面积与定性情况，工程总体布局、建筑面积、层数与高度，结构类型与室内外装饰，施工工期与施工方案要点，本工程的特点与对施工测量的基本要求。

（2）施工测量基本要求　场地、建筑物与建筑红线的关系，定位条件工程设计及施工对测量精度与进度的要求及所依据的各种规范。

（3）场地准备测量　根据设计总平面图与施工现场总平面部布置图，确定拆迁次序与范围，测定需要保留的原有地下管线、地下建（构）筑物与名贵树木的树冠范围，场地平整与暂设工程定位放线工作。

（4）测量起始依据校测　对起始依据点（包括测量控制点，建筑红线桩点，水准点）或原有地上、地下建（构）筑物，均应进行校测。

（5）场区控制网测设　根据场区情况、设计与施工的要求，按照便于施工，控制全面，又能长期保留的原则，测设场区平面控制网与高程控制网。

（6）建筑物定位与基础施工测量建筑物定位与主要轴线控制桩、护坡桩，基础桩的定位与监测，基础开挖与±0.00以下各层施工测量。

（7）±0.00 以上施工测量首层，非标准层与标准层的结构测量放线，竖向控制与高程传递。

（8）特殊工程施工测量高层钢结构。高耸建（构）筑物（如电视发射塔、水塔、烟囱等）与体育场馆、演出厅等的施工测量。

（9）室内、外装饰与安装测量会议室、大厅、外饰面、玻璃幕墙等室内外装饰测量。各种管线、电梯、旋转餐厅的安装测量。

（10）竣工测量与变形观测 竣工线桩总图的编绘与各单项工程竣工测量，根据设计与施工要求的变形观测的内容、方法及要求。

（11）验线工作 明确各分项工程测量放线后，应有哪一级验线及验线的内容。

（12）施工测量工作的组织与管理 根据施工安排制定施工测量工作进度计划，使用仪器型号、数量、附属工具，记录表格等用量计划，测量人员与组织等。

施工测量方案由施工方制定再经审批后，应填写施工组织设计（方案）报审表，报建设监理单位审查、审批。

（二）校 核 施 工 图

1. 校核施工图上的定位依据与定位条件

（1）定位依据

建筑物的定位依据必须明确，一般有以下 3 种情况：

1）城市规划部门给定的城市测量平面控制点 多用于大型新建工程（或小区建设工程）。根据《城市测量规范》CJJ/T 8—2011 规定：四等三角网与一级小三角最弱边长中误差分别为 1/（4 万）与 1/（2 万），四等与一级光电导线全长闭合差分别为 1/（4 万）与 1/（1.4 万），其精度均较高，但使用前要精测，以防用错点位、数据或点位变动。

2) 城市规划部门给定的建筑红线 多用于一般新建工程。《城市测量规范》CJJ/T 8 规定：红线桩点为中误差与红线边长中误差均为 5cm，故在使用红线桩定位时，选择好定位依据的红线桩。

3) 原有永久性建（工）筑物或道路中性线 多用于原有建筑群体内的扩、改建工程。这些作为定位依据的建（构）筑物必须是四廓（或中心线）规整的永久性建（构）筑物，如砖石或混凝土结构的房屋'桥梁'围墙等，而不应是外廓不规整的临时性建（构）筑物，如车棚'篱笆'铁丝网等。在诸多现有建（构）筑物中，应选择主要的、大型的建（构）筑物为依据，在由于定位依据不十分明确的情况下，应请设计单位会同建设单位现场确认，以防后患。

(2) 定位条件

建筑物定位条件要合理，应是能唯一确定建筑物位置的几何条件。最常用的定位条件是：确定建筑物上的一个主要点和一个主要轴线（或主要边）的方向。这两个条件少一个则不能定位，多一个则会产生矛盾。由于建（构）筑物总平面图中规（构）筑物间距要满足不阻挡阳光、要满足消防车的通过等，这样就需要请设计单位明确哪些是必须满足的主要定位条件和定位尺寸。

(3) 定位依据与定位条件有矛盾或有错误的情况处理

1) 一般应以主要定位依据、主要定位条件为准，进行图纸审定，以达到定位合理，做到既满足整体规划的要求，又满足工程使用的要求。

2) 在建筑群体中，各建筑物之间的相对位置关系往往是直接影响建筑物使用功能的，如南北建筑物不能相互挡阳，一般建筑物之间应能满足各种地下管线的铺设，地上道路的顺直、通行与防火间距等，这些条件在审图中均应注意。

3) 当定位依据与定位条件有矛盾时，应及时向设计单位提出，求得合理解决，施工方无权自行处理。

例题：如图 11-1 所示，该图为某研究院内新建宿舍楼的定位图，其中①为不规整的临时车棚，②为原有砖混结构办公楼，③为新建宿舍楼，四面为砖砌永久性围墙。图纸要求③楼与②楼的西山墙在一条直线上，③楼的南墙距南围墙内侧最小距离为8.750m。解：这个定位图的定位依据是永久性建筑物，是正确的。这个定位图的定位依据是永久性建筑物，是正确的。定位条件是一个边的方向和一个点的点位，没有矛盾的多余要求，所以是可行的。

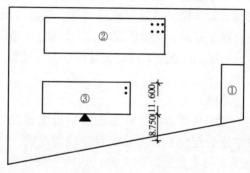

图 11-1　建筑物定位

2. 校核建境物外南尺寸交圈

校核建筑物四周边界尺寸是否交圈，可分以下四种情况：

（1）矩形图形：主要核算纵向、横向两对边尺寸是否相等，有关轴线关系是否对应，尤其是纵向或横向两端不贯通的轴线关系，更应注意。

（2）梯形图形：主要核算梯形斜边与高的比值是否与底角（或顶角）相对应关系。

（3）多边形图形：要分别计算内角和条件与边长条件是否满足：

1）内角和条件：多边形的内角和 ＝ （$n-2$）· $180°$（n 为影的边长）；

2）边长条件：核算方法有两种：

①划分三角形法：选择有两个长边的顶点为极，将多边形划分为（$n-2$）个三角形，先从最长边一侧的三角形（已知两边、一夹角）开始，用余弦定理求得第三边后，再用正弦定理求得另外两夹角，然后依据刚求得边长的三角形，依次解算各三角形至另一侧。然后依据刚求得边长的三角形，依次解算各三角形至另一侧。当最后一个三角形求得的边长及夹角与已知值相等时则此多边形四廓尺寸交圈。

②投影法：计算闭合导线的方法，计算多边形各边在两坐标轴上投影的代数和应等于零（$\sum \Delta_y = 0.000$，$\sum \Delta_x = 0.000$），以核算其尺寸是否交圈。

（4）圆弧形图形：核算圆弧形尺寸是否交圈。

3. 审核建筑物±0.000 设计高程

主要从以下几方面考虑：

（1）建筑物室内地面±0.000 的绝对高程，与附近现有建筑道路的绝对高程是否对应。

（2）在新建区内的建筑物室内地面±0.000 的绝对高程，与建筑物所在的原地面高程（可由原地面等高线判断），尤其是场地平物所在的原地面高程（可由原地面等高线判断），尤其是场地形是否合理。

如图 11-2 为某建筑小区的托儿所平面图，曲线为原地面等

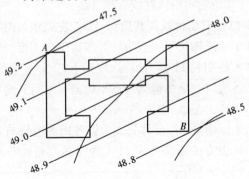

图 11-2　托儿所场地高程

高线，平行直线为设计场地地面等高线，两者相比可看出整个场地清理要填方 0.3～1.7m，若建筑物室内地面±0.000 的绝对高程 49.6m 以上则较合理，若±0.000 的绝对高程为 48.2m（室内要低于室外 0.6～1.0m）则明显不合理。

（3）建筑物自身对高程有特殊要求，或与地下管线、地上道衔接有特殊要求的，应特殊考虑。

（三）校核建筑红线桩和水准点

1. 建筑红线在施工中的作用与使用红线时应注意的事项

（1）建筑红线：城市规划行政主管部门批准并实地测定的建设用地位置的边界线，也是建筑用地与市政用地的分界线，红线（桩）点也叫界址（桩）点。

（2）施工中的作用：建筑物定位的依据与边界线

（3）使用中注意事项：

1）使用红线（桩）前，应进行校测，检查桩为是否有误或碰动；

2）施工过程中，应保护好桩位；

3）沿红线兴建的建（构）筑物放线后，应由市规划部门验线合格后，方可破土；

4）新建建筑物不得压红线、超红线。

2. 根据红线桩坐标反算其边长（D）左夹角（β）

红线桩多组成四边形、五边形等多边闭合图形。红线桩坐标反算的计算表格如表 11-1，计算次序如下：

（1）用各边终点坐标值减起点坐标值，求得其坐标增量，并校核增量之和 $\Sigma \Delta_y \Sigma \Delta_x$ 应为零；

（2）用坐标增量，按反算公式求得各边的边长与方位角；

（3）用各边方位角按公式 11-1 计算各左角，并校核左角之和应为（$n-2$）×180°。

点名	横坐标 y	Δy	纵坐标 x	Δx	边长 D	方位角 φ	左夹角 β
A	50 6215.931	-5.434	30 4615.726	216.768	216.836	358°33′50″	
B	6210.497	-220.930	4832.494	-5.578	221.000	268°33′13″	89°59′23″
C	5989.567	9.316	4826.916	-216.631	216.831	177°32′15″	88°59′02″
D	5998.883	217.048	4610.285	5.441	217.116	88°33′50″	91°01′35″
A	6215.931		4615.726			358°33′50″	90°00′00″
B						358°33′50″	
和校核	$+226.364$ -226.364 $\overline{\Sigma \Delta y = 0.000}$		$+222.209$ -222.209 $\overline{\Sigma \Delta x = 0.000}$			$\Sigma \beta = 360°00′00″$	

3. 在红线桩坐标反算中各项计算校核的意义

（1）在闭合图形中，$\Sigma \Delta_y = 0.000$ 与 $\Sigma \Delta_x = 0.000$，只能说明按表中各点坐标值计算无误；不能说明坐标值有无问题。即任其中任意点的 y 值或 x 抄错，只要计算本身无误，在计算结果中是不能发现原始数据 y 或 x 是否有误或抄错。

（2）由 Δ_y、Δ_x 反算 D、γ 时，必须用两种不同方法进行核算，否则不能发现计算中的错误。

（3）在闭合图形中，$\Sigma \beta = (n-2) \cdot 180°$ 与（1）一样，即只能说明按表中 φ 值计算无误，而 φ 值本身是否有误不能发现。

总之，计算校核无误，只能说明按表中所列数据（y，x，φ）计算校核无误，不能说明各点坐标（y，x）的原始数据和所计算出的 φ 值有无差错。

4. 校测红线桩的目的与方法

（1）目的

红线桩是施工中建筑物定位的依据，若用错了桩位或被碰动，将直接影响建筑物定位的正确性，从而影响城市的规划建设。

（2）校测方法

1）当相邻红线桩通视、且能测距时，实测各边边长及各点的左角，用实测值与设计值比较，以作校核；

2）当相邻红线桩不通视时，则根据附近的城市导线点，用附合导线或闭合导线的形式测定红线桩的坐标值，以作校核；

3）当相邻红线桩互不通视，且附近又没有城市导线点时则根据现场情况，选择一个与两红线桩均通视、可量的点位，组成三角形，测量该夹角与两邻边，然后用余弦定理计算对边（红线）边长，与设计值比较以作校核。

5. 根据红线桩坐标计算

准确核算红线范围内的面积，是当前土地开发单位非常关心的内容，尤其是在寸土寸金的城市繁华地区更是重要，因此，测量人员必须掌握这项计算工作。

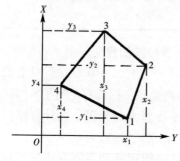

图 11-3　面积的计算

（1）红线桩按逆时针编号计算其面积的公式

如图 11-3 所示 1-2-3-4 为场地红外线范围，其面积为 A_0 由图中可看出：

$$2A = (y_2 + y_1)(x_2 - x_1) + (y_3 + y_2)(x_3 - x_2)$$
$$\quad + (y_4 + y_3)(x_4 - x_3) + (y_1 + y_4)(x_1 - x_4)$$
$$\quad = x_1(y_4 - y_2) + x_2(y_1 - y_3)$$
$$\quad + x_3(y_2 - y_4) + x_4(y_3 - y_1)$$
$$2A = \sum x_i(y_{i-1} - y_{i+1}) \tag{11-1}$$

同理可以得到：

$$2A = \sum x_i(y_{i+1} - y_{i-1}) \tag{11-2}$$

由上述两式中，可看出：$2A = \sum x_i(y_{i-1} - y_{i+1}) = 0$ 与 $2A = \sum x_i(y_{i+1} - y_{i-1}) = 0$，用以计算校核之用。

（2）红线桩按顺时针编号计算其面积的公式

将图 11-4 中 1 点与 3 点不动，2 点与 4 点互换，形成顺时针编号，则可得到：

$$2A = \sum x_i (y_{i+1} - y_{i-1}) \tag{11-3}$$

$$2A = \sum x_i (y_{i-1} - y_{i+1}) \tag{11-4}$$

6. 校测水准点的目的与方法

（1）目的

水准点是建筑物高程定位的依据，若点位或数据有误，均可直接影响建筑物高程的正确性，从而影响建筑物的使用功能，校测水准点，即为了取得正确的高程起始依据。

（2）测法

对建设单位提供的两个水准点进行附合校测，用实测高差与已知高差比对，以作校核，若建设单位只提供一个水准点（或高程依据点），则必须请其出具确认证明，以保证点位与高程数据的有效性。

（四）测量坐标(y, x)和建筑坐标(B, A)的换算

1. 两种坐标系的换算

无论是建筑工程还是市政工程的总图设计或局部设计，都是在原地形图上进行规划布置的，地形图在测绘时都是使用测量坐标系的，即 y-x 坐标系。但在工程总图上规划布置主要建（构）筑物主轴线时，多是根据规划道路中线或建筑红线等为依据，先进行总体布置，再进行局部安排，为了设计自身的方便，多根据主要建（构）筑物布置的需要而另设一套建筑坐标系，即 A-B 坐标系，如图 11-4 所示，在施工测量中，一般是先根据场地附近的测量控制点或建筑红线对整个施工场地内的主要建（构）筑物轴线进行定位，然后再进行各局部工程的定位，这样就出现了两套坐标系之间的相互换算问题。

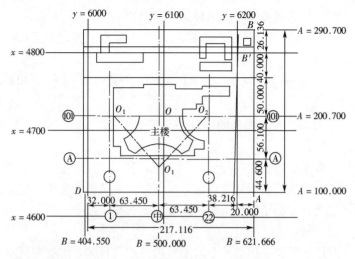

图 11-4　测量坐标与建筑坐标系

2. 传统的解新几何坐标变换方法

如图 11-5，YOX 为测量坐标系，P 点的测量坐标（y_p，x_p），$AO'B$ 为建筑坐标系，O' 的测量坐标（y'_o，x'_o），P 点的建筑坐标（B_p，A_p），建筑坐标系的 A 轴与测量坐标的 X 轴的夹角为 α。

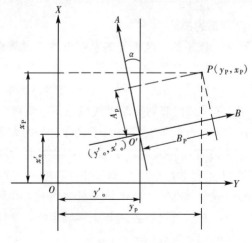

图 11-5　坐标变换

已知 p 点测量坐标（y_p，x_p），计算 P 点建筑坐标（B_p，A_p）的公式

$$B_p = -(x_p - x'_o)\sin\alpha + (y_p - y'_o)\cos\alpha \qquad (11\text{-}5)$$
$$A_p = (x_p - x'_o)\cos\alpha + (y_p - y'_o)\sin\alpha$$

十二、建筑工程施工测量

（一）一般场地控制测量

1. 一般场地控制网的作用

一般场地是指中小型民用建筑场地。根据先整体后局部、高精度控制低精度的工作程度，准确地测定并保护好场地平面控制网和高程控制网，是整个场地内各栋建筑物、构筑物定位和确定高程的依据；是保证整个施工测量精度和分区、分期施工相互衔接顺利进行工作的基础，因此，控制网的选择、测定及桩位的保护等项工作，应与施工方案、场地布置统一考虑确定。

2. 一般场地平面控制网的布网原则、精度、网形及基本测法

（1）布网原则

场地平面控制网应根据设计定位依据、定位条件、建筑物形状与轴线尺寸以及施工方案、现场情况等全面考虑后确定，一般布网原则为：

1）控制网应均布全区，控制线的间距以 30～50m 为宜，网中应包括作为场地定位依据的起始点与起始边、建筑物主点、主轴线；弧形建筑物的圆心点（或其他几何中心点）和直径方向（或切线方向）；

2）为便于使用（平面定位及高层竖向控制），要尽量组成与建筑物外廓平行的闭合图形，以便于控制网自身闭合校核；

3）控制桩之间应通视、易量，其顶面应略低于场地设计高程，桩底低于冰冻层，以便于长期保留。

（2）精度

根据《工程测量规范》GB 50026—2007、《高层建筑混凝土结构技术规范》JGJ 3—2010，一般场地控制网主要技术指标见表 12-1。

场地控制网主要技术指标

规范名称	等级	边长（m）	测角中误差（"）	边长相对中误差
《工程测量规范》GB 50026—2007	二级	100～300	±8	1/20000
《高层建筑混凝土结构技术规程》JGJ 3—2010	重要高层建筑	100～300	±15	1/15000
	一般高层建筑	50～200	±20	1/10000

将一般场地平面控制网分为两级（1/20000，1/10000）是合适的，一般住宅小区和一般学校、办公楼等民用建筑工程，采用边长 1/10000、测角±20″是能满足工程需要的，也与《砌体结构工程施工质量验收规范》GB 50203—2011（见本章第（三）节第 6 点）相适应。对于钢结构与一般大型公共建筑工程，采用边长 1/20000、测角±10″也是能满足工程需要的。

（3）网形

场地平面控制网的网形，主要应以适合和满足整个场地建筑物测设的需要，常用的网形有以下 3 种：

1）矩形网：这是建筑场地中最常用的网形，也叫做建筑方格网。它适用于按方形或矩形布置的建筑群或大型、高层建筑。如图 12-1 为北京国际饭店的场地平面控制网，$ABCD$ 为建筑红线，$\angle A = 90°00'00''$，建筑物定位条件是以 A 点点位与 AB、AD 方向为准，按图示尺寸定位；图 12-2 为某文化交流中心的场地平面控制网，$ABCD$ 为建筑红线。建筑物定位条件是以 B 点点位和 BA 方向为准，按图示尺寸定位。

2）多边形网：对于三角形、梯形或六边形等非矩形布置的建筑场地，可按其主轴线的情况，测设多边形平面控制网。如图

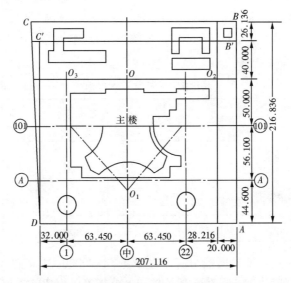

图 12-1　北京国际饭店场地平面控制网

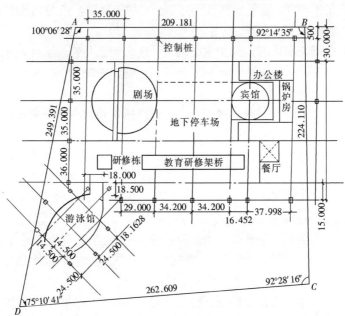

图 12-2　某文化交流中心场地平面控制网

12-3 为北京昆仑饭店的平面控制网，它是根据 60°的柱网轴线与近于矩形的场地情况综合考虑确定的。

3）主轴线网：对于不便于组成闭合网形的场地，可只测定十字（或井字）主轴线或平行于建筑物的折线形的主轴线，但在测设中要有严格的测设校核。如图 12-4 为某文化交流中心的十字主轴线控制网，AA 轴为对称轴，BB 轴垂直 AA 轴，定位条件是已知 O 点的坐标及 AA 轴方位。

（4）基本测设方法

平面控制网应以设计指定的一个定位依据点与一条定位边的方向为准进行测设。根据场地、网形的不同，一般采用以下三种测法：

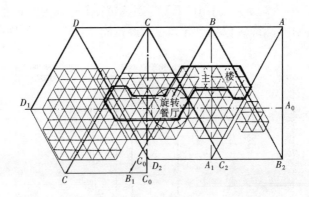

图 12-3　北京昆仑饭店 60°折线 "S"

1）先测定控制网的中心十字主轴线，经校核后，再向四周扩展成整个场地的闭合网形。如图 12-1 所以控制网，即先以 A 点点位和 AB、AD 方向为准，测设出 ⑩轴与 ⊕轴，在 O 点闭合校核后，在向外扩展成 $AB'C'D$ 矩形网。这种一步一校核的测法，保证了主体建筑物轴线的定位精度，也使整个施测工作简便易行。

2）当场地四廓红线桩精度较高，场地较大时，可根据红线桩（或城市精密导线点）先测定场地控制网的四廓边界，闭合校

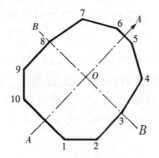

图 12-4　某文化交流中心十字主轴控制网

核后，再向内加密成网线。

3）当如图 12-4 所示，只测定十字主轴线时，先根据 O 点与周围三个红线桩的坐标，反算边长及夹角 2，然后在三个红线桩上，按角度交会法，定出 O 点的位置。

对于工期较长的工程，场地平面控制网每年应至少在雨期前后各校测 1 次。

3. 根据城市导线点测设一般场地平面控制网

如图 12-5 所示：$ABCDEF$ 为距建筑物各边均为 10m 的场地平面控制网，2、3 位城市导线点，经校测其点位与坐标均可靠。

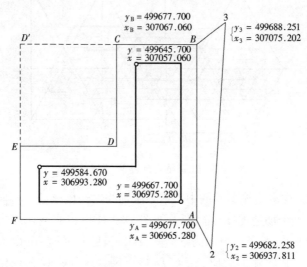

图 12-5　根据城市导线点测设场地平面控制网

（1）根据建筑物的设计坐标推算出 A、B 点坐标。

（2）使 $23BA$ 组成闭合图形，用坐标反算表格按第十一章第（三）第 2 点介绍的步骤计算各边长与左夹角，见表 12-2。

点名	横坐标y	Δy	纵坐标x	Δx	边长D	方位角φ	左夹角β	备注
2	9682.258		6937.811		137.522	2°29′52″		城市导线点
		+5.993		+137.391			49°50′44″	
3	9688.251		7075.202					城市导线点
		−10.551		−8.142	13.327	232°20′36″	127°39′24″	
B	9677.700		7067.060					
		0.000		−101.780	101.780	180°00′00″	170°34′43″	
A	9677.700		6965.280					
		+4.558		−27.469	27.845	170°34′43″	11°55′09″	
2	9682.258		6937.811			2°29′52″		
3								
和校核		+10.551 −10.551 ΣΔy=0.000		+137.391 −137.391 ΣΔx=0.000			Σβ=360°00′00″	

（3）将经纬仪安置在 2 点，以 3 点为后视，逆时针测设 11°55′09″（实际上是顺时针测设 348°04′51″），并在视线上量 27.845m 定在 A 点。

（4）在 3 点上以 2 点为后视，顺时针测设 49°50′44″，并在视线上量 13.327m 定在 B 点。

（5）分别在 A 点与 B 点校核其左角与间距。

（6）以 AB 为基线测设 D′ 与 F 组成的闭合图形，再加密成 ABCDEF 场地平面控制网。

4. 一般场地高程控制网的布网原则、精度与基本测法

（1）布网原则

1）在整个场地内各主要幢号附近设置 2～3 个高程控制点，或±0.000 水平线；

2）相邻点间距 100m 左右；

3）构成闭合的控制网。

（2）精度

闭合差在 $\pm6\sqrt{n}\ \mathrm{mm}$ 或 $\pm20\sqrt{L}\ \mathrm{mm}$ 之内（n—测站数，L—测线长度、以"km"计）。

（3）测法

根据设计指定的水准点，用附合测法将已知高程引测至场地内，联测各幢号高程控制点或±0.000水平线后，附合到另一指定水准点。当精度合格后，应按测站数成正比分配误差。

若建设单位只提供一个水准点（应尽量避免这种情况）则应用往返测法或闭合测法做校核，且施测前应请建设单位对水准点点位和高程数据做严格审核并出示书面资料。工期较长的工程，场地高程控制网每年应复测两次，一次在春季解冻之后、一次在雨期之后。

（二）大型场地控制测量

1. 大型场地平面控制网的布设原则与基本测法

大型场地是指大中型建筑场地。

（1）大型场地平面控制网的作用

场地平面控制网是建（构）筑物场区内地上、地下建（构）筑工程与市政工程施工定位的基本依据，是对场区的整体控制。场区平面控制网可作为首级控制，或只控制建（构）筑物控制网的起始点与起始方向。

（2）坐标系统

场地平面控制网的坐标系统应与工程设计所采用的坐标系统一致，不一致的应用第十一章第（四）节所讲坐标换算法统一到工程设计总图所采用的坐标系。

（3）测量起始依据

城市规划部分给定的各等级城市测量控制网（点）、建筑红线点或指定的原有永久性建（构）物，均可作为场地平面控制网的测量起始依据。当上述起始依据不能满足场地控制网的要求时，经设计单位同意，可采用只控制平面控制网的起始点和起始方向的方式。

（4）网形与控制点位

场地平面控制网应根据设计总平面图与施工现场总平面布置

图综合考虑网形与控制点位的布设。网形一般采取方格网、导线网和三角网形为主。控制点应选在通视良好、土质坚固、便于施测又能长期（至少是施工期间）保留的地方。

（5）测设的基本方法

一般多采取归化法测设：第一，按设计布置，在现场进行初步定位；第二，按正式精度要求测出各点精确位置；第三，埋设永久桩位，并精确定出正式点位；第四，对正式点位进行检测做必要改正。

2. 大型场地方格控制网的测设

（1）使用场地与精度要求

方格控制网适用于地势平坦、建（构）筑物为矩形布置的场地，根据《工程测量规范》GB 50026—2007 的规定，大型场地控制网主要技术指标见表 12-3。

场地方格控制网的主要技术指标   表 12-3

规范名称	等级	边长（m）	测角中误差（″）	边长相对中误差
《工程测量规范》 （GB 50026—2007）	一级	100～300	±5	1/30000

（2）测设步骤

1）初步定位：按场地设计要求，在现场以一般精度（±5cm)测设出与正式方格控制网相平行 2m 的初步点位。一般有"一"字形、"十"字形和"L"形，如图 12-6（a）、图 12-6（b）、图 12-6（c）。

2）精测初步点位：按正式要求的精度对初步所定点位进行精测和平差算出各点点位的实际坐标。

（3）埋设永久桩位并定出正式点位：按设计要求埋设方格网的正式点位（一般是基础埋深在 1m 以下的混凝土桩，桩顶埋设 200mm×200mm×6mm 的钢板），当点位下沉稳定后，根据初测点位与其实测的精确坐标值，在永久点位的钢板上定出正式点位，划出十字线，并在中心点锒入铜丝以防锈蚀。

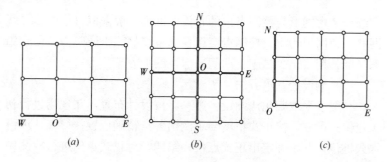

图 12-6　大型场地方格控制网

(a）"一"字形网；(b）"十"字形网；(c）"L"字形网

（4）对永久点位进行检测：首先对主轴线 WOE 是否为直线，在 O 点上检测 $\angle WOE$ 是否为 $180°00'00''$，若误差超过规程规定，应按下述进行必要的调整。

3. 大型场地导线控制网的测设

（1）大型场地导线控制网的测设

导线控制网适用于通视条件较差，现场建（构）筑物设计位置不规则或现场尚未拆迁完的场地。

大型场地导线控制网的主要技术指标　表 12-4

等级	导线长度（km）	平均边长（m）	测角中误差（"）	边长相对中误差	导线相对闭合差	方位角闭合差（"）
一级	2.0	200	±5	1/40000	1/20000	$\pm 10\sqrt{n}$
二级	1.0	100	±10	1/20000	1/10000	$\pm 20\sqrt{n}$

（2）测设步骤

1）布设控制导线：分两种情况；第一种情况是直接用于测设建（构）筑物用的场地控制导线网，如图 12-7 为某别墅小区，呈曲线形或零散式布置，在现场直接进行选点埋桩，然后按相关规范要求进行测量、计算得到各导线点的坐标，即可用导线直接对各栋楼进行定位放线。

第二种情况是由于场地条件限制，只能先布设导线，然后根

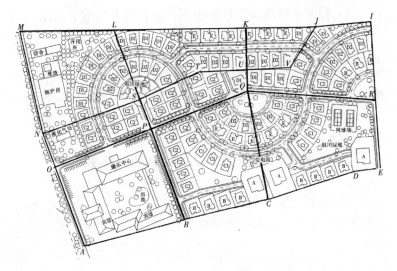

图 12-7　场地导线控制网

据导线测设场地方格控制网。

2）测设场地矩形控制网：由于红线 A、B、C、D 四边形中只有 $\angle B=90°00'00''$，而且建筑物的布置是平行 AB 和 BC 两边，故此两边是建筑物定位的基本依据。但是红线 A、B、C、D 四点均在基础坑边无法保留。为了对建筑物整体进行控制，根据现场情况，选定平行于 AB 往北 12.000m 和平行 BC 往东 8.500m 两条为基准线，又为了提高定位精度，将城市导线点 B $[45]_3$（即导线 2 号点）纳入场地控制网。通过数学直线方程的计算，建立 $B[45]_3$（2 号）-C_{se}-B_{ne}-A_{nw} 场地矩形控制网，并根据 B $[45]_3$ 已知坐标和 AB 边的已知方位角计算出 C_{se}、B_{ne} 及 A_{nw} 三点设计坐标值。

1. 根据导线点 3 号与 4 号点位，用坐标反算的方法（见第十章第（一）节第 2 点）测设出 C_{se}，用同样的方法根据导线点 8 号-9 号-1 号测设出 B_{ne}-A_{nw}，这样就测设了场地四周矩形控制网。

2. 在 B $[45]_3$、C_{se}、B_{ne}、与 A_{aw} 各点上，对矩形网各边

各角进行检测，角度误差均小于 5″，边长误差均小于 5mm（即 1/26000～1/60000）。

3）加密矩形网、测设红线桩 在矩形网各边上加密间距小于 40mm 的方格网（建筑物轴线间距为 8.000m）并测设出红线桩 A、B、C、D，经规划部门验线，红线桩点位最大误差为 7mm 远高于《城市测量规范》CJJ/T 8—2011 规定的 50mm 的限差规定。

4. 大型场地高程控制网的布设原则与基本测法

（1）大型场地高程控制网的作用

场地高程控制网是建（构）筑物场区内地上、地下建（构）筑物工程与市政工程高程测设的基本依据，是对场区高程的整体控制。

（2）高程系统

场地高程控制网的高程系统必须与工程设计所指定的高程系统一致。

（3）测量起始依据

城市规划部门给定的各等级的水准点或已知高程的导线点 2～3 个。若只给一个起始高程点，则应请设计单位或建设单位对其点位及高程数据给以文字说明，以保证其正确性。若借用附近原有建（构）筑物上的高程点时，除应有文字说明外，还应留有照片存查。

（4）网形与控制点位

场地高程控制网应根据设计总平面图与施工现场总平面布置图综合考虑网形与高程控制点位的布设。场地内每一工程幢号附近设 2 个，主要建（构）筑物附近不少于 3 个高程控制点。当场地较大时，控制点间距不应大于 100m 并组成网形。控制点应选在土质坚固、便于施测又能长期（至少是施工期间）保留的地方埋点或借用附近原有建（构）筑物的基石上。一般距新建建（构）筑物不小于 25m，或距基坑或回填土边线不小于 2 倍基坑深或 15m 以上。

5. 测设的基本方法

高程控制测量应采用附合测法或结点测法，一般均采用水准测法，也可用光电三角高程测法。控制测量的等级依次为国家水准三等或四等水准测量作为场区的首级高程控制。

6. 大型场地控制网的复测

大型场地平面控制网与高程控制网的控制点的基础，均应埋在当地冰冻线以下，土质较好的地方。但由于场地施工挖土、打桩、施工荷载的不断增加，尤其是施工期间地下降水的影响与护坡桩锚杆施工应力的增加与释放，雨季与冬季天气的变化等影响，均会造成场地控制点点位的变动。为此，施工中一方面要做好控制桩点的保护工作，并在施工期间每年春秋定期复测一次。

（三）建筑物定位放线和基础放线

1. 建筑物定位的基本测法

（1）根据原有建（构）筑物定位

在建筑群内进行新建或扩建时，设计图上往往给出拟建建筑物与原有建筑或道路中心线的位置关系。此时，其轴线可以根据给定的关系测设。

如图 12-8 所示，$ABCD$ 为原有建筑物，$MNQP$ 为新建高层建筑物，$M'N'Q'P'$ 为该建筑的矩形控制网。根据原有建（构）筑物定位，常用的方法有三种。而由于定位条件的不同，各种方法又可分成两类情况：一类情况是如图 12-8(a) 类，它是仅以一栋原有建筑物的位置和方向为准，用各图 12-8(a) 所示的 y、x 值确定新建建筑物位置的；另一类情况则是以一栋原有建筑物的位置和方向为主，再加另外的定位条件，则各图 12-8(b) 中的 G 为现场中的一个固定点，G 至新建建筑物的距离 y、x 是定位的另一个条件。

1）延长线法：如图 12-8(1) 是先根据 AB 边，定出其平行线 $A'B'$；安置经纬仪在 B'，后视 A'，用正倒镜法延长 $A'B'$ 直

线至 M'，若为图 12-8(1-a) 情况，则再延长至 N'，移经纬仪在 M' 和 N' 上，定出 P' 和 Q'，最后校测各对边长和对角线长；若为图 12-8(1-b) 情况，则应先测出 G 点至 BD 边的垂距 yg，才可能确定 M' 和 N' 位置。一般可将经纬仪安置在 BD 边的延长点 B' 以 A' 为后视，测出 $\angle A'B'G$，用钢尺量出 $B'G$ 的距离，则 yg = $B'G \times \sin(\angle A'B'G - 90°)$。

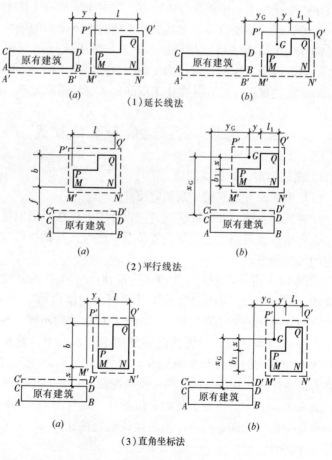

（1）延长线法

（2）平行线法

（3）直角坐标法

图 12-8 根据原有建筑物定位

2）平行线法：如图 12-8（2）是先根据 CD 边，定出其平行线 $C'D'$。若为图 12-8(2-a) 情况，新建高层建筑物的定位条件是其西侧与原有建筑物西侧同在一直线上，两建筑物南北净间距为 x，则有 $C'D'$ 可直接测出 $M'N'Q'P'$ 矩形控制网；若为图 12-8(2-b) 情况，则应先有 $C'D'$ 测出 G 点至 CD 边的垂距 xg 和 G 点至 AC 延长线的垂距 yg，才可以确定 M' 和 N' 位置，具体测法基本同前。

3）直角坐标法：如图 12-8（3）是先根据 CD 边，定出其平行线 $C'D'$。若为图 12-8(3-a) 情况，则可按图示定位条件，由 $C'D'$ 直接测出 $M'N'P'Q'$ 矩形控制网；若为图 12-8（3-b）情况，则应先测出 G 点 BD 延长线和 CD 延长线的垂距 yg 和 xg，然后即可确定 M' 和 N' 位置。

（2）根据红线或定位桩定位

1）根据线上一点定位：如图 12-9(a) 所示：甲乙丙为红线，$MNPQ$ 为拟建建筑物，定位条件为 MN、甲乙、N 点正在红线上。

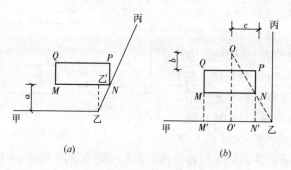

(a) (b)

图 12-9　根据红线定位

在测设之前，先根据∠甲乙丙及 MN 至甲乙的距离计算出乙$_N$、乙$'_N$ 数据，然后根据现场条件，分别采用适宜的测法测设出 $MNPQ$ 点位。

2）根据线外一点定位：如图 12-9(b) 所示：甲乙丙为红线，$MNPQ$ 为拟建建筑物，O 为线外一点，定位条件为 MN∥甲乙、

PQ 距 O 点的垂距为 b、NP 距 O 点的垂距为 c 均已知。

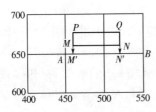

图 12-10 平面控制网定位

首先实测∠甲乙 O 与乙 O 距离，计算出 MN 与甲乙的距离，然后根据现场条件，分别采用适宜的测法测设出 $MNPQ$ 点位。

（3）根据场地平面控制网定位

如图 12-10 所示：在施工场地内设有平面控制网时，可根据建筑物各角点的坐标用直角坐标法测设。

2. 选择建筑物定位条件的基本原则

根据《工程测量规范》GB 50026—2007 规定：建筑物定位的条件，应当是能唯一确定建筑物位置的几何条件。最常用的定位条件是确定建筑物的一个点的点位与一个边的方向。

（1）当以城市测量控制点或场区控制网定位时，应选择精度较高的点位和方向为依据；

（2）当以建筑红线定位时，应选择沿主要街道的建筑红线为依据，并以较长的已知边测设较短边；

（3）当以原有建（构）筑物或道路中心线定位时，应选择外廓（或中心线）规整的永久性建（构）筑

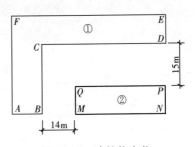

图 12-11 建筑物定位

物为依据，并以较大的建（构）筑物或较长的道路中心线，测设较小的建（构）筑物。

总之，选择定位条件的基本原则可以概括为：以精定粗、以长定短、以大定小。

3. 建筑物定位放线的基本步骤

根据场地平面控制网，或设计给定的作为建筑物定位依据的建（构）筑物，进行建筑物的定位放线，是确定建筑物平面位置

和开挖基础的关键环节，施测中必须保证精度、杜绝错误，否则后果难以处理。在场地条件允许的情况下，对一栋建筑物进行定位放线时，应按如下步骤进行：

（1）校核定位依据桩是否有误或碰动；

（2）根据定位依据桩测设建筑物四廓各大角外距基槽边 1～5m 的控制桩，如图 12-12 中的 $M'N'Q'P'$；

（3）在建筑物矩形控制网的四边上，测设建筑物各大角的轴线与各细部轴线的控制桩（也叫引桩或保险桩）；

（4）以各轴线的控制桩测设建筑物四大角，如图 12-12 中的 M、N、Q、P 合各轴线交点；

（5）按基础图及施工方案测设基础开挖线；

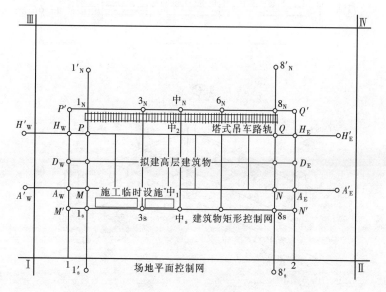

图 12-12　建筑物定位

（6）经自检互检合格后，根据《建筑工程资料管理规程》DB11/T 185—2009 规定填写"工程定位测量记录"，提请有关部门及单位验线。沿红线兴建的建筑物定位后，还要由城市规划部门验线合格后，方可破土开工，以防新建建筑物压、超红线。

4. 龙门板的作用与钉设步骤

（1）龙门板的作用

在小型民用建筑中，为了方便施工，有时在基槽外一定距离处钉设龙门板，如图 12-13 所示，用以控制 ±0.000 以下的高程、各轴线位置、槽宽、基础宽和墙宽等。

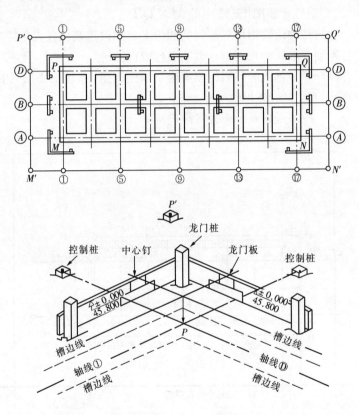

图 12-13　龙门板

（2）钉设步骤

1）在建筑物四角与隔墙两端基槽外 1.0～1.5m 处钉设龙门桩，桩要钉得竖直、牢固，桩面与基槽平行；

2）根据水准点的高程，在每根龙门桩上测设出 ±0.000 高

程线;

3）沿龙门桩上的±0.000线钉设龙门板;

4）用经纬仪将墙、柱中心线投测到龙门板顶面上，并钉中心钉;

5）用钢尺沿龙门板顶面检查中心钉的间距是否正确，以作校核;

6）以中心钉为准，在龙门板上划出墙宽、槽宽线。

5. 建筑物定位验线的要点

定位验线时，应特别注意验定位依据与定位条件，而不能只验建筑物自身几何尺寸。

（1）验定位依据桩位置是否正确，有无碰动;

（2）验定位条件的几何尺寸;

（3）验建筑物矩形控制网与控制桩的点位准不准、桩位牢不牢;

（4）验建筑物外廓轴线间距及主要轴线间距;

（5）在经施工方自检定位验线合格后，根据《建设工程监理规范》GB 50319—2013 或《建设工程监理规程》DBJ 01-41—2002 规定，填写"施工测量放线报验单"提请监理单位验线。

6. 建筑物基础放线的基本步骤、验线的要点与允许误差

当基础垫层浇筑后，在垫层上测定建筑物各轴线、边界线、墙宽线和柱线等叫做基础放线，也叫撂底，这是具体确定建筑物位置的关键环节。

（1）基础放线的基本步骤

1）校核轴线控制桩有无碰动、位置是否正确;

2）在控制桩上用经纬仪向垫层上投测建筑物外廓井字主轴线;

3）在垫层上闭合校测合格后，测设细部轴线;

4）根据基础图以各轴线为准，用墨线弹出基础施工所需的边界线、墙宽线、柱位线、集水坑线等;

5）经自检互检合格后，根据《建筑工程资料管理规程》

JGJ/T 185—2009 规定填写"基槽验线记录",其他层面验线,填写"楼层平面放线记录",提请有关部门验线。

（2）建筑物基础验线的要点

1）验基槽外的轴线控制桩有无碰动、位置是否正确;

2）验外廓主轴线的投测位置,误差应符合表 12-7 的要求;

3）验各细部轴线的相对位置;

4）验垫层顶面与电梯井、集水坑的高程。

（3）建筑物基础放线的允许误差

根据国家标准《砌体结构工程施工质量验收规范》GB 50203—2011 与《高层建筑混凝土结构技术规程》JGJ 3—2010、两者规定相同,如表 12-5。

基础放线尺寸的允许误差　　　　　　　　表 12-5

长度 L、宽度 B 的尺寸（m）	允许误差（mm）
$L(B) \leqslant 30$	± 5
$30 < L(B) \leqslant 60$	± 10
$60 < L(B) \leqslant 90$	± 15
$90 < L(B)$	± 20

轴线的对角线尺寸,允许误差为边长误差的 2 倍;外廓轴线夹角的允许误差为 $\pm 1'$。

若为钢结构建筑,则应根据国家标准《钢结构工程施工质量验收规范》GB 50205—2001 规定:建筑物定位轴线四廓边长精度应为 1/20000,且不应大于 3.0mm,基础上柱子的定位轴线允许偏差为 1.0mm,地脚螺栓位移允许偏差为 2.0mm。这方面的规定一般土建施工单位必须采取严格措施才能达到。

7. 基础施工中标高的测设

基槽开挖后,应及时测设水平标志,作为控制挖槽深度的依据。根据施工方法的不同,水平标志的测设方法也应有所区别。

（1）人工挖槽

在即将挖在槽底设计标高时,用水准仪在槽壁上测设水平桩，使水平桩上表面距槽底设计标高为一固定值（一般为0.5m）。

水平桩可用木桩或竹桩。钉桩时桩身应水平，不得倾斜，否则将影响精度。施工人员在挖槽过程中，即以此桩为准，用尺向下量至槽底，控制开挖深度。水平桩的测法见第五章第（五）节。

为了方便施工人员使用，水平桩钉位置应选在基槽两端、拐角处以及横纵槽交叉处，桩间距离以 3～4m 为宜。

此水平桩在基础垫层或地梁施工中仍可使用，只需在水平桩距槽底的固定值中减去垫层或地梁厚度，即为水平桩下量高度。

（2）机械挖槽

由于机械施工的挖深控制较为困难，为了避免超挖扰动地基老土，一般均采取预留 20cm 土层的措施，即由机械挖至槽底设计标高以上 20cm 处，再由人工清槽。

为了能随时提示机械操作人员控制挖深，可采用如下方法提供水平标志：

在机械开挖中，用水准仪直接测量槽底标高。当深度符合要求时，即用白灰在该点上撒一圆圈，以示机械操作人员。随着开挖面积逐渐扩大，每隔 3m 左右测设一标志点，并呈梅花形布置，直至基槽全部挖完。

8. 皮数杆的作用、绘制与测设

黏土小砖现多明令禁用，因此建筑内外围护结构现多改用陶粒块、加气块或空心砖等，故皮数杆要适应当今施工的需要。

（1）作用

皮数杆是砌筑施工中控制各部位标高的依据。皮数杆上除绘出砖的行数外，还要绘出门窗口、过梁、各种预留孔洞、木砖等位置的尺寸，如图 12-14 所示。

（2）绘制方法

绘制皮数杆的主要依据是建筑剖面图、外墙大样图、详图

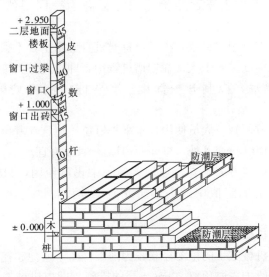

图 12-14 皮数杆

等，绘制方法有两种：

1）当门窗口、预留孔洞、预制构件的标高允许稍有变动时，把砖行绘成整层，上下移动门窗口、预制构件的位置；

2）当门窗口、预留孔洞、预制构件的标高不允许变动时，则用调整灰缝厚度的办法凑成整层。

（3）测设方法

1）用水准仪在需要立杆处测设相对高程点；

2）将皮数杆上相应标高线与之对齐钉牢。

（四）结构施工和安装测量

1. 砖混结构的施工放线

在条形基础工程完成后，即可在防潮找平层上进行围护结构施工放线，主要内容如下：

（1）校核轴线控制桩：有无碰动，确保其位置准确。

172

（2）找平层上弹轴线：用经纬仪将建筑物四廊主轴线投测到防潮找平层上，弹出墨线，并进行闭合校测。

（3）弹竖向轴线：当确认主轴线间距与角度均符合规范要求时，将其引测至基础墙立面上，如图 12-15 所示，作为轴线竖向投测的依据。

（4）测设细部轴线：为了使各轴线间距精度均匀，应将钢尺拉平，使尺上 0m 刻划线对准起始轴线，相应刻划线对准末端轴线，然后分别标出细部轴线点位。

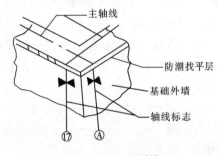

图 12-15　基础弹线

（5）根据细部轴线弹出墙边线及门洞口位置线：横纵墙线应相互交接，门洞口线应延长出墙外 15～20cm 的线头，作为今后检查的依据。如图 12-16 所示，并将门口位置线弹在墙体外立面上。

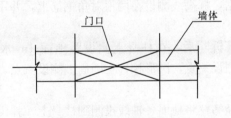

图 12-16　门口弹线

（6）测设皮数杆：测法详见本章。

（7）抄测"50"水平线：墙体砌筑一步架后，用水准仪测设距地面 0.5m 或 1m 水平线。测设使用微倾水准仪时要使用一次精密定平法。

二层以上放线时，先将主轴线及标高线投测至施工层，然后重复以上步骤。

2. 现浇钢筋混凝土框架结构的施工放线

（1）钢筋混凝土框架结构的基础一般有两种形式。第一种，条形基础，首层柱线弹在基础梁上；第二种，筏式基础，首层柱线弹在棱台基础上。

（2）由于柱子主筋均设在轴线位置上，故直接测设轴线多不易通视。为此，框架结构轴线控制的设置与围护结构有所不同。若直接控制轴线，多不便使用。在建筑物定位时，需考虑平行借线控制。借线尺寸，根据工程设计情况及施工现场条件而定，可控制住边线，或平移一整尺寸，但各条控制线的平移尺寸与方向应尽量一致，以免用错。作者建议，所有南北向轴线（1、2、……）一律向东借1m，只有最东一条轴线向西借1m，所有东西向轴线（A、B、……）一律向北借1m，只有最北一条轴线向南借1m。

（3）施工层平面放线，除测设各轴线外，还需弹出柱边线，作为绑扎钢筋与支模板的依据，柱边线一定要延长出15～20cm的线头，以便支模后检查用。

（4）柱筋绑扎完毕后，在主筋上测设柱顶标高线，作为浇筑混凝土的依据，标高线测设在两根对角钢筋上，并用白油漆做出明显标记。

（5）柱模拆除后，在柱身上测设距地面1m水平线，矩形柱，四角各测设一点，圆形柱，在圆周上测设三点，然后用墨线连接。

（6）用经纬仪将地面各轴线投测到柱身上，弹出墨线，作为框架梁支模以及围护结构墙体施工的依据。

二层以上结构施工放线，仍需以首层传递的控制线与标高作为依据。

3. 单层厂房结构的施工放线

单层厂房一般采用现浇钢筋混凝土杯形基础，预制柱、吊车梁、钢屋架或大型屋面板结构形式，其放线精度要高于民用建筑。

（1）杯口弹线

根据经过校测的厂房平面控制网，将横纵轴线投测到杯形基础上口平面上，如图 12-17 所示。当设计轴线不为柱子正中时（如边柱），还要在杯口平面上加弹一道柱子中心位置线，作为柱子安装就位的依据。

（2）杯口抄平

根据标高控制网或±0.000 水准点，在杯口内壁四周，测设一条水平线。其标高为一整分米数，一般比杯口表面设计标高低10～20cm，作为检查杯底浇筑标高及后面找平层的依据，如图12-17 所示。

图 12-17　杯口弹线　　　图 12-18　柱子标高

（3）检查构件几何尺寸

在厂房构件中，柱身尺寸准确是关键。尤其是牛腿面标高，直接影响吊车梁、轨道的安装精度。所以，在柱子安装之前，应用钢尺校测柱底到牛腿面的长度，若发现构件制作误差过大，则应在抹杯底找平层时予以调整，保证安装后，牛腿面标高符合设计要求，在量柱长时，应注意由牛腿埋件四角分别量至柱底，并以其中最大值为准，确定杯底找平层厚度。

（4）绘制与测设围护墙皮数杆

在框架结构安装完毕后，即可按杯口轴线砌筑围护墙，但测设方法与混合结构有所不同。由于厂房外墙是在两柱之间分档砌筑，每根柱子均在轴线处，故可采取以下方法测设皮数杆：先根据外墙设计内容画好一根样杆，在杆上标出＋1.000m 水平线，另在每根柱身上测设相应水平线。将样杆贴在柱子一侧，两根＋1.000m 水平线对齐后，用红铅笔按样杆内容划在柱身两侧，即可作为砌筑围护墙的竖向依据。

4. 单层厂房预制混凝土柱子的安装测量

混凝土柱是厂房结构的主要构件，其安装精度直接影响到整个结构的安装质量，故应特别重视这一环节的施工，确保柱位准确、柱身铅直、牛腿面标高正确。

（1）柱身弹线

先在柱身三面弹出中心线，对于牛腿以上截面变小的一面，由于中线不能从柱底通到柱顶，安装时不便校测，故应在带有上柱的一边，弹一道与中线平行的安装线，作为铅直校测的标志。如图 12-19(*a*) 所示。

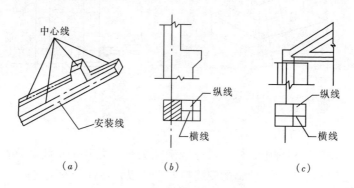

（*a*）　　　　（*b*）　　　　（*c*）

图 12-19　预制混凝土柱安装

厂房柱子一般均较高，故在弹线时，需在柱底柱顶之间加设辅点，分段弹线。此时，应先定出两端中点，然后拉通小线，再标出中间点，而不能根据柱边量出各点。因为构件生产时，不可能保证柱边绝对铅直，这样就会使直线变为折线，影响铅直校测精度。

（2）牛腿面弹线

牛腿表面应弹两道相互垂直的十字线，横线与牛腿上下柱小面中线一致；纵线与纵向轴线平行，其位置需根据吊车梁轨距与柱轴线的关系计算，然后由中线（或安装线）量取。如图12-19（b）所示，作为吊车梁安装就位的依据。

（3）柱顶弹线

上柱柱顶也应弹两道相互垂直的十字线，横线与柱小面中线一致；纵线与纵向轴线平行，其位置需根据屋架跨度轴线至柱轴线距离计算，然后由中线（或安装线）量取，如图12-19（c）所示，作为屋架安装就位的依据。

（4）安装校测

如图12-20所示，用两台经纬仪安置在相互垂直的两个方向上，同时进行校测。为保证校测精度，应注意以下几点：

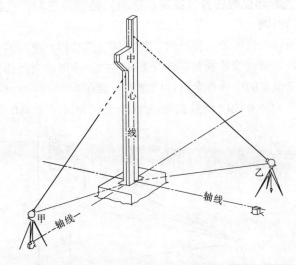

图12-20　柱身安装校测

1）校测前，对所用仪器进行严格的检校，尤其是 HH⊥VV 的检校，因为此项误差对高柱的校测影响更大。

2）正对变截面柱，经纬仪应严格安置在轴线（或中线）上，且尽量后视杯口平面上的轴线（或中线）标记，这样不但能校测柱身的铅直，而且能够同时校测位移，从而提高安装精度。

3）尽可能将经纬仪安置的距柱较远处，以减少校测时的视线倾角，削弱 HH⊥VV 误差的影响。

4）对于柱长大于 10m 的细长柱子，校测时还要考虑温差影响，即在阳光照射下，柱子阴阳两侧伸长不均，致使柱身向阴面弯曲，柱顶产生水平位移。因此校测时要考虑这一因素，采取必要的措施。如事先预留偏移量，使误差消失后，柱身保持铅直或尽可能选择在早、晚或阴天时校测。

5）在柱子就位固定后，还应及时进行复测。当发现偏差过大时，应及时校正。另外，在柱顶梁、屋架、屋面板安装后，荷载增大，柱身有外倾趋势，此因素也应在校测及复测时加以考虑。

5. 用经纬仪做柱身（或高层建筑）铅直校正时，仪器位置对校正的影响

在用经纬仪做铅直校测时，若柱身（或结构）立面不为一铅直面时，必须将仪器安置在轴线上并对中。否则，当经纬仪视线与不同立面上的中线重合时，柱身并不铅直。

图 12-21 为经纬仪校测牛腿柱铅直的示意图，AB 方向为

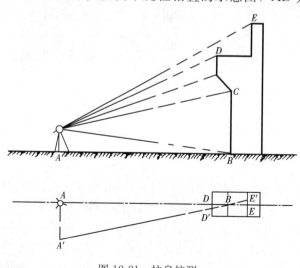

图 12-21　柱身校测

178

轴线；$BCDE$ 为柱中线。当仪器安置在 A 点，后视 B 点校测柱身铅直时，$ABCDE$ 正为一直线；当仪器安置在轴线外 A' 点，后视 B 点在延长视线时，与 B 点不在一竖直面上的 D、E 点则不与视线重合。其差值 DD'、EE' 可根据相似三角形定理求出。

以上计算证明：当经纬仪所照准的柱面不为一铅直面时，必须将仪器安置在轴线上并对中，否则偏差值 Δ 将严重影响校测精度，而使柱身可能产生以下 3 种后果：

（1）倾斜；（2）扭转；（3）既倾斜又扭转。

（五）建筑物的高程传递和轴线的竖向投测

1. 建筑物的高程传递

（1）传递位置

选择高程竖向传递的位置，应满足上下贯通铅直量尺的条件。主要为结构外墙、边柱或楼梯间等处。一般高层结构至少要有 3 处向上传递，以便于施工层校核、使用。

（2）传递步骤

1）用水准仪根据统一的 ±0.000 水平线，在各传递处准确地测出相同的起始高程线；

2）用钢尺沿铅直方向，向上量至施工层，并划出整数水平线，各层的高程线均应由起始高程线向上直接量取；

3）将水准仪安置在施工层，校测由下面传递上来的各水平线，误差应在 ±3mm 之内。在各层抄平时，应后视两条水平线以作校核。

（3）操作要点

1）由 ±0.000 水平线量高差时，所用钢尺应经过检定、尺身铅直、拉力标准，并在进行尺长及温度改正（钢结构不加温度改正）；

2）在预制装配高层结构施工中，不仅要注意每层高度误差不超限，更要注意控制各层的高程，防止误差累计而使建筑物总高度的误差超限。为此，在各施工层高程测出后，应根据误差情况，通知施工人员对层高进行控制，必要时还应通知构件厂调整下一阶段的柱高，钢结构工程尤为重要。

2. 建筑物高程传递的允许误差

根据 2010 年实施的建筑工程行业标准《高层建筑混凝土结构技术规程》JGJ 3—2010 中规定：标高的竖向传递，应从首层起始标高线竖直量取，且每栋建筑应由 3 处分别向上传递。当 3 个点的标高差值小于 3mm 时，应取其平均值，否则应重新引测。标高的允许偏差应符合表 12-6 的规定。

标高竖向传递允许偏差 表 12-6

项　目	允许偏差（mm）	
每　层	±3	
总高 H（m）	H≤30	±5
	30<H≤60	±10
	60<H≤90	±15
	90<H≤120	±20
	120<H≤150	±25
	H>150	±30

当楼层标高抄测并经专业质检检测合格后，应填写楼层标高抄测记录报建设监理单位备查。

3. 建筑物轴线竖向投测的外控法

即在建筑物之外，用经纬仪控制竖向投测的方法。

基础工程完工后，随着结构的不断升高，要逐层向上投测轴线，尤其是高层结构四廓轴线和控制电梯井轴线的投测，直接影响结构和电梯的竖向偏差。随着建筑物设计高度的增加，施工中对竖向偏差的控制显得越来越重要。

多层或高层建筑轴线投测前，先根据建筑场地平面控制网，校测建筑物轴线控制桩，将建筑物各轴线测设到首层界面上，在精确地延长到建筑物以外适当的地方，妥善保护起来，作为向上投测轴线的依据。

用外控法作竖向投测，是控制竖向偏差的常用方法。根据不同的场地条件，有以下 3 种测法：

（1）延长轴线法

当场地四周宽阔，可将建筑物外廓主轴线延长到大于建筑物的总高度，或附近的多层建筑界面上时，则可在轴线的延长线上安置经纬仪，以首层轴线为准，向上逐层投测。如图 12-22 中甲仪器的投测情况。

（2）侧向借线法

当场地四周窄小，建筑物外廓主轴线无法延长时，可将轴线向建筑物外出平移（也叫借线），移出的尺寸视外脚手架的情况而定，在满足通视的原则下，尽可能短。将经纬仪安置在借线点上，以首层的借线点为准向上投测，并指挥施工层上的测量人员，垂直仪器视线横向移动尺杆，以视线为准向内测出借线尺寸，则可在楼板上定出轴线位置，如图 12-22 中乙仪器工作的情况。

（3）正倒镜挑直法

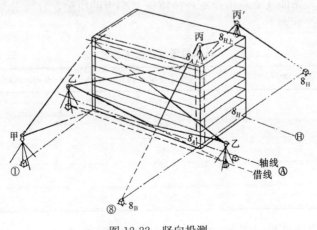

图 12-22　竖向投测

当场地地面上无法安置经纬仪向上投测时，可将经纬仪安置在施工层上，用正倒镜挑直线的方法，直接在施工层上投测出轴线位置，如图 12-22 中丙仪器工作的情况。

（4）经纬仪竖向投测的要点

为保证竖向投测精度，应注意以下 3 点：

1）严格校正仪器（特别注意 CC⊥HH 与 HH⊥VV 的检校），投测时严格定平度盘水准管，以保证竖轴铅直。

2）尽量以首层轴线作为后视向上投测，减少误差积累。

3）取盘左、盘右向上投测的居中位置，以抵消视准轴不垂直横轴，横轴不垂直竖轴的误差影响。

4. 建筑物轴线竖向投测的内控法

当施工场地窄小，无法在建筑物以外安置经纬仪时，可在建筑物内用铅直线原理将轴线铅直投测到施工层上，作为各层放线的依据。根据使用仪器设备不同，内控法有以下 4 种测法：

（1）吊线坠法

用特制线坠以首层地面处结构立面上的轴线标志为准，逐层向上悬吊引测轴线。

为保证线坠悬吊稳定，坠体应有相当的质量，且与引测高度相关，见表 12-7。

坠体质量与高差关系表　　　　表 12-7

高　差（m）	悬挂线坠重量（kg）	钢丝直径（mm）
＜10	＞1	
10～30	＞5	
30～60	＞10	
60～90	＞15	0.5
＞90	＞20	0.7

为保证投测精度，操作时还应注意以下要点：

1）线坠体形正、重量适中，用编织线或钢丝悬吊；

2）线坠上端固定牢，线间无障碍（不抗线）；

3）线坠下端左右摇动小于 3mm 时取中，两次取中之差小于 2mm 时再取中定点；投点时，视线要垂直结构立面；

4）防震动、防侧风；

5）每隔 3～4 层放一次通线，以作校核。

（2）激光垂准仪法

在高烟囱、高塔架以及滑模施工中，激光垂准仪操作简便，是保证精度、并能构成自动控制铅直偏差的理想仪器。

竖向投测时，将激光垂准仪安置在烟囱、塔架中心或建筑物竖向控制点位上，向上发射激光束，在施工层上的相应处设置接收靶，用以传递轴线和控制竖向偏差。

（3）经纬仪天顶法

在经纬仪目镜处加装 90°弯管目镜后，将望远镜物镜指向天顶（铅直向上）方向，通过弯管目镜观测，若仪器水平旋转一周视线均为同一点（照准部水准管要严格定平），则说明视线方向铅直，用以向上传递轴线和控制竖向偏差。

采用此法只需在经纬仪上配备 90°弯管目镜，投资少、精度满足工程要求。此法使用于现浇混凝土工程与钢结构安装工程，但实测时要注意仪器安全，防止落物击伤仪器。

（4）经纬仪天底法

此法与天顶法相反，是将特制的经纬仪竖轴为空心，望远镜可铅直向下照准，直接安置在施工层上，通过各层楼板的预留孔洞，铅直照准首层地面上的轴线控制点，向施工层上投测轴线位置。此法使用于现浇混凝土结构工程，且仪器与操作都均较安全。

5. 建筑物轴线竖向投测的允许误差

根据《高层建筑混凝土结构技术规程》JGJ 3—2010 中规定：轴线的竖向投测，应以建筑物轴线控制桩为测站。竖向投测的允许偏差应符合表 12-8 的规定。

轴线竖向投测允许偏差 JGJ 3—2010　　　　　　表 12-8

项　　目		允许偏差（mm）
每　　层		3
总高 H（m）	$H \leqslant 30$	5
	$30 < H \leqslant 60$	10
	$60 < H \leqslant 90$	15
	$90 < H \leqslant 120$	20
	$120 < H \leqslant 150$	25
	$H > 150$	30

当楼层轴线竖向投测并经专业质检检测合格后，应填写建筑物垂直度、标高观测记录报建设监理单位备查。

（六）建筑工程施工中的沉降观测

1. 建筑工程施工中沉降观测的主要作用与基本内容

（1）沉降观测的主要作用

1）监测施工对邻近建筑物安全的影响；

2）监测施工期间施工塔吊与基坑护坡的安全情况；

3）监测工程设计、施工是否符合预期要求；为有关地基基础及结构设计是否安全、合理、经济等反馈信息；

4）监测高低跨之间的沉降差异，以决定后浇带何时浇筑。

（2）沉降观测的基本内容

1）施工对邻近建（构）筑影响的观测

打桩（包括护坡桩）和采用井点降低水位等，均会使邻近建（构）筑物产生不均匀的沉降、裂缝和位移等变形。为此，在打桩前，除在打桩、井点降水影响范围以外设基准点，还要根据设计要求，对距基坑一定范围的建（构）筑物上设置沉降观测点，并精确地测出其原始标高。以后根据施工进展，及时进行复测，以便针对沉降情况，采取安全防护措施。

2）施工塔吊基座的沉降观测

高层建筑施工使用的塔吊、吨位和臂长均较大。塔吊基座虽经处理，但随着施工的进展，塔身逐步增高，尤其在雨期时，可能会因塔基下沉、倾斜而发生事故。因此要根据情况及时对塔基四角进行沉降观测，检查塔基下沉和倾斜状况，以确保塔吊运转安全，工作正常。

3）基坑护坡的安全监测

随着建筑物高度的增加，基坑的深度在不断加深，10～20m深基坑已较普遍。由于施工中措施不当和监测不到位，基坑坍塌事故时有发生。为此，国家标注《建筑地基基础工程施工质量验收规范》GB 50202—2002 中规定："在施工中应对支护结构。周围环境进行观察和监测，……"监测的内容主要是基坑围护结构的位移与沉降。位移观察主要是使用经纬仪视准线法或测角法观测支护结构的顶部与腰部的水平位移，如出现异常情况应及时处理。1998 年编者单位曾负责 200m×480m 深 20m 的东方广场基坑护坡桩的监测，由于基坑外市政施工不了解情况，误断了广场西北侧 5 根护坡桩长 27m 的锚杆，造成护坡桩较大的变形，由于监测及时发现，及时处理防止了事故的发生；相反 2003 年某600m 长 20m 深的大型基坑由于监测未及时发现变形造成 50m基坑的坍塌事故，损失严重。

4）建筑物自身的沉降观测

① 根据《高层建筑混凝土结构技术规程》JGJ 3—2002 规定：对于 20 层以上或造型复杂的 14 层以上的建筑，应进行沉降观测。

② 以高层建筑为例，其沉降观测的主要内容为：当浇筑基础底板时，就按设计指定的位置埋设好临时观测点。一般浮筏基础或箱型基础的高层建筑，应沿纵、横轴线和基础周边设置观测点。观测的次数与时间，应按设计要求。一般第一次观测应在观测点安设稳固后及时进行，以后结构每升高一层，将临时观测点以上一层并进行观测，直到±0.000 时，再按规定埋设永久性观

测点。然后每施工 1～3 层、复测一次，直至封顶，工程封顶后一般每三个月观测一次直至基本稳定。

沉降观测的等级、精度要求、适用范围及观测方法，应根据工程需要，按表 12-9 与表 12-10 中相应等级的规定选用。

2. 沉降观测的特点与操作要点

（1）沉降观测的特点

1）精度要求高：为了能真实地反映出建筑物沉降的状况，一般规定测量的误差应小于变形量 $1/20～1/10$。

2）观测时间性强：各项沉降观测的首次观测时间必须按时进行，否则得不到原始数据，其他各阶段的复测，也必须根据工程进展按时进行，才能得到准确的沉降变化情况。

3）观测成果可靠、资料完整：这是进行沉降分析的需要，否则得不到符合实际的结果。

（2）沉降观测的操作要点是"二稳定、三固定"，二稳定是指沉降观测一边的基准点和被观测体上的沉降观测点位要稳定。三固定是指：

1）仪器固定：包括三脚架、水准尺；

2）人员固定：尤其是主要观测人员；

3）观测的线路固定：包括镜位、观测次序。

3. 沉降观测控制网的布设原则与主要技术要求

（1）沉降观测控制网布设

附合或闭合路线，其主要技术要求和测法应符合《工程测量规范》GB 20026—2007 规定，见表 12-9。

（2）高程系统

应采用施工高程系统，也可采用假定高程系统。当监测工程范围较大时，应与该地区水准点联测。

（3）基准点埋设

应符合下列要求

1）坚实稳固，便于观测；

2）埋设在变形区以外，标识底部应在冻土层以下。

沉降观测网主要技术要求和测法 表 12-9

等级	相邻基准点高差中误差（mm）	每站高差中误差（mm）	往返较差、符合或环线闭合差（mm）	检测已测高差较差（mm）	使用仪器、观测方法及要求
一等	0.3	0.07	$0.15\sqrt{n}$	$0.2\sqrt{n}$	S05 型仪器，视线长度≤15m，视距累积差≤1.5m。宜按国家一等水准测量的技术要求施测
二等	0.5	0.13	$0.30\sqrt{n}$	$0.5\sqrt{n}$	S05 型仪器，宜按国家一等水准测量的技术要求施测
三等	1.0	0.30	$0.60\sqrt{n}$	$0.8\sqrt{n}$	S05 或 S1 型仪器，宜按本规范二等水准测量的技术要求施测
四等	2.0	0.70	$1.40\sqrt{n}$	$2.0\sqrt{n}$	S1 或 S3 型仪器，宜按本规范三等水准测量的技术要求施测

3）可利用永久性建（构）筑物设立墙上基准点，也可利用基岩凿埋标志；

4）因条件限制，必须在变形区内设置基准点时，应埋设深埋式基准点，埋深至降水面以下4m。

4. 沉降观测点的布设原则与主要技术要求

（1）沉降观测点的布设位置

主要由设计单位确定，施工单位埋设，应符合下列要求：

1）布置在变形明显而又有代表性的部位；

2）稳固可靠、便于保存、不影响施工及建筑物的使用和美观；

3）避开暖气管、落水管、窗台、配电盘及临时构筑物；

4）承重墙可沿墙的长度每隔8～12m设置一个观测点，在转角处、纵横墙连接处、沉降缝两侧均应设置观测点；

5）框架式结构的建筑物应在柱基上设置观测点；

6）观测点的埋设应符合相关规范的要求；

7）高耸构筑物如：电视塔、烟囱、水塔、大型贮藏罐等的沉降观测点应布置在基础轴线对称部位，每个构筑物应不少于4个观测点。

（2）观测方法与精度等级

沉降观测应采用几何水准测量或液体静力水准测量方法进行。沉降观测点的精度等级和观测方法，应根据工程需要的观测等级确定并符合《工程测量规范》GB 50026—2007 表2.5.3规定，见表12-10。

沉降观测点的精度等级和观测方法   表12-10

等级	变形点的高程中误差（mm）	相邻变形点高程中误差（mm）	往返较差符合或环线闭合差（mm）	观测方法
一级	±0.3	±0.15	$\leqslant 0.15\sqrt{n}$	除宜按国家一等精密水准测量外，尚需设双转点，视线≤15m，前后视距差≤0.3m，视距累积差≤1.5m，精密液体静力水准测量，微水准测量等
二级	±0.5	±0.30	$\leqslant 0.30\sqrt{n}$	按国家一等精密水准测量；精密液体静力水准测量
三级	±1.0	±.050	$\leqslant 0.60\sqrt{n}$	按本规范二等水准测量；液体静力水准测量
四级	±2.0	±1.00	$\leqslant 1.4\sqrt{n}$	按本规范三等水准测量；短视线三角高程测量

（3）观测周期

荷载变化期间，沉降观测周期应符合下列要求：

1）高层建筑施工期间每增加1～2层，电视塔、烟囱等每增高10～15m观测一次；每次应记录观测时建（构）筑物的荷载变化、气象变化与施工条件的变化。

2）基础混凝土浇筑、回填土及结构安装等增大较大荷载前后应进行观测；

3）基础周围大量积水、挖方、降水及暴雨后应观测；

4）出现不均匀沉降时，根据情况增加观测次数；

5）施工期间因故暂停施工超过三个月，应在停工时及复工前进行观测；

6）结构封顶至工程竣工，沉降周期宜符合下列要求：

① 均匀沉降且连续三个月内平均沉降量不超过 1mm 时，每三个月观测一次；

② 连续两次每三个月平均沉降量不超过 2mm 时，每六个月观测一次；

③ 外界发生剧烈变化时应及时观测；

④ 交工前观测一次；

⑤ 交工后建设单位应每六个月观测一次，直至基本稳定为止。

5. 施工场地邻近建（构）筑物的沉降观测

（1）工程概况

如图 12-23 所示为某高层建筑物基坑北侧，有一占地东西宽 49m、南北长 43m 的古建筑，是重点保护文物。该古建筑物西侧与南侧挖深 22m 多、东侧稍浅，形成半岛墩台，三面均有护坡桩。为保护古建筑物要求施工期间进行沉降观测，主要目的有：

1）场地降水对建筑物沉降的影响；

2）护坡桩锚杆应力对建筑物高程的变化；

3）气候因素的影响，如冬天结冰、春天融化及降雨等因素；

4）施工动、静荷载对古建筑沉降的影响；

5）附近变电设备安装及塔吊拆卸对建筑物的影响；

6）护坡桩外回填后建筑物标高是否稳定。

（2）沉降观测方案

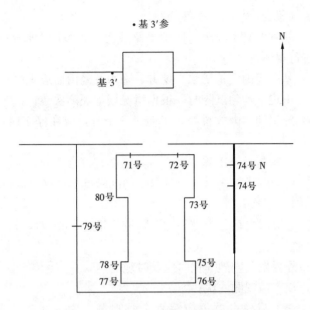

图 12-23 古建筑沉降观点布设平面图

1）设置观测点与基准点：在古建筑四周及围墙上设沉降观测点、布设测标、基准点为街道北侧大门西侧墙上钉钉基 3′。

2）仪器的选用：蔡司 Ni005A 精密水准仪与其相配套的铟瓦精密水准尺。

3）精度要求：全测区闭合差精度按 $\pm0.4\sqrt{n}$ 为限，基 3′测定后高程作为常数，计算 71 号～80 号高程。采用墙上贴标、测定各点高程，基本相当于《工程测量规范》GB 50026—2007 2～3 级水准观测。

4）人员相对固定、配合得当：保证了质量和工作效率，保证成果的精度和连续性。

（3）各观测点变化情况与资料分析

1）本工程有 1996 年 12 月 24 日始至 1997 年 7 月 31 日止，共施测 140 次。基 3′至基 3′参检测 44 次，1998 年 3 月 5 日发现基 3′由 1998 年 1 月 24 日因市政地下顶管施工而下沉，至 1998

年 10 月 26 日稳定，共下降 18mm。因此，一经发现后基 3′高程就不用作起始点，改由基 3′参（在基 3′北约 30m 处）作为依据，相对比较可靠。

2）1996 年底到 1997 年 9 月中，由于古建筑西、南、东三侧灌注护坡桩和锚杆施加拉力，而使全部观测点位处于缓慢上升阶段，之后 77 号、78 号、79 号、80 号急剧下降，原因可能是由锚杆作用力与降水有关，总体是以东南至西北方向为平衡轴，呈西南下降、东北升高的趋势，而平衡轴逐步往东北方向移动。

3）各观测带总沉降量见表 12-11，场地总体呈向西南倾斜，见图 12-24。

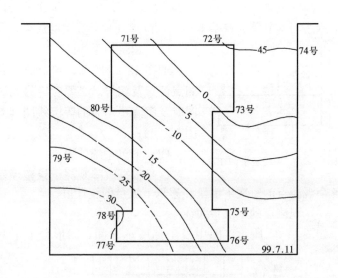

图 12-24　测区总体等沉线

观测点总沉降量　　　　　　　　　表 12-11

点号	1996.12.24 高程	1997.7.31 高程	沉降量（mm）
71 号	48.1723	48.1704	−1.9
72 号	1721	1769	+4.8
73 号	5330	5346	+1.6

点号	1996.12.24 高程	1997.7.31 高程	沉降量（mm）
74 号	5339	5377	+3.8
75 号	5326	5193	−13.3
76 号	5332	5205	−12.7
77 号	6089	5792	−29.7
78 号	6075	5764	−31.1
79 号	6069	5839	−23.0
80 号	6075	5934	−14.1

6. 高程建筑工程的沉降观测

对高层建筑工程沉降观测应按本节第 1～4 点所述进行，其基本测法与本节第 5 点基本相同，沉降观测应提供的成果是：

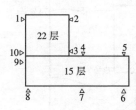

图 12-25　某建筑平面图

（1）建筑物平面图

如图 12-25 所示，图上应标有观测点位置及编号，必要时应另绘竣工图时及沉降稳定时的等沉线图（参见图 12-24）；

（2）下沉量统计表

这是根据沉降观测记录整理而成的各个观测点的每次下沉量和累积下沉量的统计值；

（3）观测点的下沉量曲线

如图 12-26 所示，图中横坐标所示时间，图形分上下两部

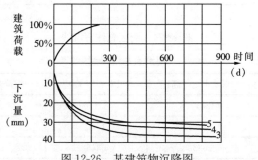

图 12-26　某建筑物沉降图

分，上部分为建筑荷载曲线，下部分为各观测点的下沉曲线。

（七）建筑工程竣工测量

1. 竣工测量的目的与竣工测量资料的基本内容

2002 年 5 月 1 日实施的国家标准《建设工程文件归档整理规范》GB/T 50328—2001 是做好建筑工程竣工图的基本依据。在北京地区还要执行 2003 年 2 月 1 日实施的北京市地方标准《建筑工程资料管理规程》DBJ 01—51—2003。

（1）竣工测量的目的

1）验收与评价工程是否按图施工的依据；

2）工程交付使用后，进行管理、维修的依据；

3）工程改建、扩建的依据。

（2）竣工测量资料应包括如下内容

1）测量控制点的点位和数据资料（如场地红线桩、平面控制网点、主轴线点及场地永久性高程控制点等）；

2）地上、地下建筑物的位置（坐标）、几何尺寸、高程、层数、建筑面积及开工、竣工日期；

3）室外地上、地下各种管线（如给水、排水、热力、电力、电讯等）与构筑物（如化粪池、污水处理池、各种检查井等）的位置、高程、管径、管材等；

4）室外环境工程（如绿化带、主要树木、草地、园林、设备）的位置、几何尺寸及高程等。

2. 竣工测量的工作要点

做好竣工测量的关键是从工程定位开始就要有次序地、一项不漏地积累各项技术资料。尤其是对隐蔽工程，一定要在还土前或下一步工序前及时测出竣工位置，否则就会造成漏项。在收集竣工资料的同时，要做好设计图纸的保管，各种设计变更通知、洽商记录均要保存完整。

竣工资料（包括测量原始记录）及竣工总平面图等编绘完

毕，应由编绘人员与工程负责人签名后，交使用单位与国家有关档案部门保管。

3. 建筑竣工图的作用与基本要求

（1）竣工图的作用

竣工图是建筑安装工程竣工档案中最重要部分，是工程建设完成后主要凭证性材料，是建筑物真实的写照，是工程竣工验收的必备条件，是工程维修、管理、改建、扩建的依据。

（2）竣工图的基本要求

1）竣工图均按单项工程进行整理。

2）"竣工图"标志应具有明显的"竣工图"字样，并包括有施工单位名称、编制人、审核人和编制日期等基本内容。编制单位、制图人、审核人、技术负责人要签字对竣工图负责。竣工图章示例见图 12-27。

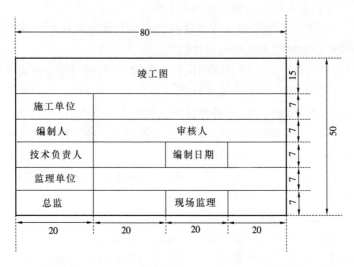

图 12-27 竣工图章示例（摘自《建设工程文件归档
整理规范》GB/T 50328—2001）

3）凡工程现状与施工图不相符的内容，全部要按工程竣工现状清楚、准确地在图纸上予以修正，如工程图纸会审中提出的修改意见、工程洽商或设计变更的修改内容、施工过程中建设单位和施工单位双方洽商的修改（见工程洽商）等都应如实绘制在竣工图上。

4）专业竣工图应包括各部门、各专业深化（二次）设计的相关内容，不得漏项、重复。

5）凡结构形式改变、工艺改变、平面布置改变、项目改变以及其他重大改变，或者在一张图纸上改动部分大于1/3以及修改后图面混乱，分辨不清的图纸均需重新绘制。

6）编制竣工图，必须采用不褪色的绘图墨水。

4. 建筑竣工图的内容、类型与绘制要求

（1）竣工图的内容

竣工图应按专业、系统进行整理，包括以下内容：

1）建筑总平面布置图与总图（室外）工程竣工图；

2）建筑竣工图与结构竣工图；

3）装修、装饰竣工图（机电专业）与幕墙竣工图；

4）消防竣工图与燃气竣工图；

5）电气竣工图与弱电竣工图（包括各弱电系统，如楼宇自控、保安监控、综合布线、共用电视天线、停车场管理等系统）；

6）采暖竣工图与通风空调竣工图；

7）电梯竣工图与工艺竣工图等。

（2）竣工图的类型与绘制要求

竣工图的类型包括：利用施工蓝图改绘的竣工图；在二底图上修改的竣工图；重新绘制的竣工图；用 CAD 绘制的竣工图。

1）利用施工蓝图改绘的竣工图　绘制竣工图所使用的施工蓝图必须是新图，不得使用刀刮、补贴等方法进行绘制。

2）在二底图上修改的竣工图　在二底图上依据洽商内容用刮改法绘制，并在修改备考表上注明洽商编号和修改内容。

3）重新绘制的竣工图　重新绘制竣工图必须完整、准确、真实地反映工程竣工现状。

4）用 CAD 绘制的竣工图　在电子版施工图上依据设计变更、工程洽商的内容进行修改，修改后用云图圈出修改部位，并在图中空白处做一修改备考表。

十三、市政工程施工测量

（一）市政工程施工测量前的准备工作

1. 市政工程施工测量前的准备工作

（1）建立满足施工需要的测量管理体系，做到人员落实且分工明确，并建立科学、可行的放线和验线制度；

（2）配备与工程规模相适应的测量仪器，并按规定进行检定、检校；

（3）了解设计意图、学习和校核设计图纸，核对有关的测设数据及相互关系；

（4）察看施工现场，了解地下构筑物情况；

（5）编制施工测量方案，明确测量精度，测量顺序以及配合施工、服务施工的具体测量工作要求；

（6）以满足施工测量为前提，建立平面与高程控制体系，对于已建立导线系统的道路工程与管线工程，要在接桩后进行复测并提交复测结果；

（7）对于开工前现场现状地面高程要进行实测，与设计给定的高程有出入者要经业主代表和监理工程师认可。

2. 学习与校核设计图纸时重点注意的问题

结合市政工程测量的特点尚应做好以下工作：

（1）校核总图与工程细部图纸的尺寸、位置的对应关系是否相符，有无矛盾的地方。如路线图与桥梁图纸之间的位置关系，平面图与纵、横断面图之间的关系，厂站总平面图与具体构筑物的关系等。

（2）校核同一类设计图纸中给定的条件是否充分，数据是否准确，文字和图面表述是否清楚等。如：线路的桩号是否连续，定线的条件是否已无矛盾，各相关工程的相互位置关系是否正确，总尺寸与分尺寸是否相符，各层次的尺寸与高程的标识是否一致等。

（3）校核地下勘探资料与图纸上的表述，与施工现场是否相符，特别是原有的地下管线与设计管线之间的关系是否明确。

3. 施工前对施工部位现状地面高程的复测及土方量的复算

施工前对现状地面高程进行复测是获得合同外工程签证（即索赔）的依据，也是市政工程计量支付中甲乙双方十分关注的热点之一。对此，施工单位、监理单位要以足够的人力和精力认真施测，且做到施工方、监理和业主三方共同签认测量结果。测量土方量多采用横断面法和方格网平整场地法。横断面法是计算平均横断面面积乘以间距得到。对于面积大的场地采用方格网法。

4. 市政工程施工测量方案应包括的主要内容

市政工程施工测量方法是指导施工测量的指导性文件，在正式施工前要进行施工测量方案的编制，且做到针对性强、预控性强、措施具体可行。建筑工程施工测量其基本原则完全适用于市政工程。工程测量技术方案一般包括下列内容：

（1）工程的概况；

（2）质量目标，测量误差分析和控制精度设计；

（3）工程的平面控制网与高程控制网设计；

（4）测量作业的程序和细部放线的工作方法；

（5）为配合特殊工程的施工测量工作所采取的相应措施；

（6）工程进行所需与工程测量有关的各种表格的表样及填写的相应要求。

（二）道路工程施工测量

1. 恢复中线测量

道路设计阶段所测设中线里程桩、*JD* 桩到开工前，一般均有不同程度的碰动或丢失。施工单位要根据定线条件，对丢失桩予以补测，对曾碰动的桩予以校正。这种对道路中线里程桩、JD桩补测、校正的作业叫恢复中线测量。

2. 恢复中线测量的方法

（1）中线测设：城市道路工程恢复中线的测量方法一般采用两种：

1）图解法：在设计图上量取中线与领近地物相对关系的图解数据，在实地直接依据这些图解数据来校测和补测中线桩，此法精度较低。

2）解析法：以设计给定的坐标数据或设计给定的某些定线条件作为依据，通过计算测设所需数据并测设，将中线桩校测和补测完毕。此法精度较高，目前多使用此法。

（2）中线调直：根据上述测法，一般一条中线上至少要定出三个中线点，由于不可避免的误差，三个中线点不可能正好在一条直线上，而是一个折线。

（3）精度要求：测设时应以附近控制点为准，并用相邻控制点进行校核，控制点与测设点间距不宜大于100m，用光电测距仪时，可放大至200m。道路中线位置的偏差应控制在每100m不应大于5mm。道路工程施工中线桩的间距，直线宜为10～20m，曲线为10m，遇有特殊要求时，应适当加密，包括中线的起（终）点、折点、交点、平（纵）曲线的起终点及中点，整百米桩基、施工分界点等。

3. 纵断面测量

纵断面测量也叫路线水准测量，其主要任务是根据沿线设置的水准点测定路中线上各里程桩和加桩处的地面高程。然后根据测得的高程和相应的里程桩号绘制成纵断面图。作为施工单位纵断面图是计算填挖土石方量的重要依据。

纵断面测量是依据沿线设置的水准点用附和测法，测出中线上各里程桩和加桩处的地面高程。施测中，为减少仪器下沉的影响，在各测站上应先测完转点前视，再测各中间点的前视，转点

上的读数要小数三位，而中间点读数一般只读两位即可。图13-1
是一段纵断面实测示意图，表 13-1 表示了它的记录及计算。

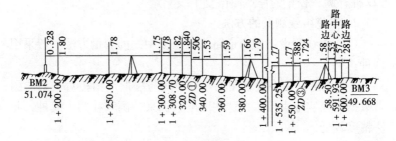

图 13-1　纵断面测量

纵断面测量记录　　　　　　　　　　　　　　　　表 13-1

后视读数 a	视线高 H_i	前视读数 b 转点	前视读数 b 中间点	测点（桩号）	高程 H	备注
0.328	51.402			BM2	51.074	已知高程
			1.8	1+200.00	49.6	
			1.78	1+250.00	49.62	
			1.75	1+300.00	49.65	
			1.78	1+308.70	49.62	ZY3(BC3)
			1.82	1+320.00	49.58	
1.506	51.068	1.84		ZD1	49.562	
			1.53	1+340.00	49.54	
			1.59	1+360.00	49.48	
			1.66	1+380.00	49.41	
			1.79	1+400.00	49.28	
			1.8	1+421.98	49.27	QZ3(EC3)
			1.86	1+440.00	49.21	
1.421	50.611	1.878		ZD2	49.190	
			1.48	1+460.00	49.13	
			1.55	1+480.00	49.06	
			1.56	1+500.00	49.05	
			1.57	1+520.00	49.04	

后视读数 a	视线高 H_i	前视读数 b		测点 (桩号)	高程 H	备注
		转点	中间点			
			1.77	1+535.25	48.84	YZ3(EC3)
1.421	50.611	1.878	1.77	1+550.00	48.84	
1.724	50.947	1.388		ZD3	49.223	
			1.58	1+584.50	49.37	路边
			1.53	1+591.93	49.42	JD4(IP4)路中心
			1.57	1+600.00	49.38	路边已知高程
		1.281		BM3	49.666	49.668m

4. 横断面测量

横断面测量的主要任务是测定各里程桩和加桩处中线两侧地面特征点至中心线的距离和高差，然后绘制横断面图。横断面图表示了垂直中线方向上的地面起伏情况，是计算土（石）方和施工时确定填挖边界的依据。

在横断面测量中，一般要求距离精确到 0.1m，高程精确至 0.05m，因此，横断面测量多采用简易方法以提高工效。横断面测量施测的宽度，是根据工程类型、用地宽度及地形情况确定。

一般要求在中路两侧各测出用地宽度外至少 5m。

（1）测定横断面的方向

直线段上的横断方向是指与线路垂直的方向，如图 13-2（a）中的横断面，a-a'，z-z'，y-y'。

曲线段上的横断方向是指垂直于该点圆弧切线的方向，即指向圆心的方向，如横断面 1-1′，2-2′，q-q'。在地势复杂的山坡地段，横断面方向的偏差会引起断面形状的显著变化，这时应特别注意断面方向的测定。

一般测定直线段上的横断方向时，将方向架立于中线桩上，如图 13-3（b）以 Ⅰ-Ⅰ′轴线对准中线方向，Ⅱ-Ⅱ′轴线方向即为

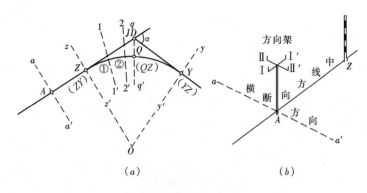

图 13-2　横断方向测定

该桩的横断面方向。

（2）测定横断面上的点位（距离和高程）

横断面上路线中心点的地面高程已在纵断面测量时测出，其余各特征点对中心点的高低变化情况，可用水准仪测出。

如图 13-3 水准仪安置后，以中线地面高为后视，以中线两侧地面特征点为前视，并量出各特征点至中线的水平距离。水准读数到 0.01m，水平距离读至 0.05m 即可。观测时视线可长至 100m，故安置一次仪器可测几个断面。

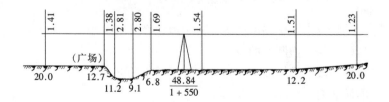

图 13-3　水准仪测横断面

所测数据应按表 13-2 记录格式记录（注意，记录次序是由下面向上面次序记录，以防左右方向颠倒）。根据记录数据，可在毫米坐标格纸上，按比例展绘横断面形状，以供计算土方之用。

前视读数/至中线距离	后视读数/桩号	前视读数/至中线距离
（房）1.60/14.3 1.25/8.2	1.50/(1+650)	1.45/3.2 0.70/ 4.3 0.65/20.0
（广场）1.41/20.0 1.38/12.7 2.81/11.2 2.80/9.1 1.69/6.8	1.54/(1+550)	1.51/12.2 1.23/20.0

5. 贯穿道路工程施工的三项测量放线基本工作

（1）中线放线测量；

（2）边线放线测量；

（3）高程放线测量。

只不过不同的施工阶段三项基本工作内容稍有区别，但在每个里程桩的横断面上，中线桩位与其高程的正确性是根本性的。

6. 边桩放线

路基施工前，要把地面上路基轮廓线表示出来，即把距离与原地面相交的坡脚线找出来，钉上边桩，这就是边桩放线。在实际施工中边桩会被覆盖，往往是测设与边桩连线相平行的边桩控制桩。

边桩放线常用方法有两种：

（1）利用路基横断面图放边桩线（也叫图解法）

根据已"戴好帽子"的横断面设计图或路基设计表，计算出或查出坡脚点离中线桩的距离，用钢尺沿横断面方向实地确定边桩的位置。

（2）根据路基中心填挖高度放边桩线（也叫解析法）

在施工现场时常发生道路横断面设计图或路基设计表与实际现状发生较大出入的现象，此情况下可根据实际的路基中心填挖高度方边坡线，如图 13-4。

平地路堤坡脚至中桩距离 $B/2$ 计算公式如下：

$$B/2 = h \cdot m + b/2$$

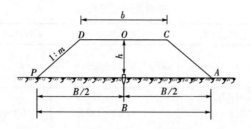

图 13-4　边桩放线

h——中桩填方高度（或挖方深度）；b——路基宽度；$1:m$——边坡率

7. 路堤边坡的放线

有了边桩（或边桩控制桩）尚不能准确指导施工，还要将边坡坡度在实地表示出来，这种实地标定边坡坡度的测量叫做边坡放线。

边坡放线的方法有多种，比较科学且简便易行的方法有如下两种：

（1）竹竿小线法

如图 13-5（a）所示，根据设计边坡度计算好竹竿埋置位置，使斜小线满足设计边坡坡度。此法常用边坡护砌。

（2）坡度尺法

如图 13-5（b）所示，应按坡度要求回填或开挖，并用坡度尺检查边坡。

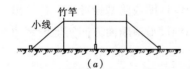 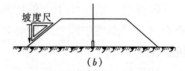

（a）　　　　　　　　　　（b）

图 13-5　边坡放线

8. 边桩上纵坡设计线的测设

施工边桩一般都是一桩两用，既控制中线位置又控制路面高程，即在桩的侧面测设出该桩的路面中心设计高程线（一般注明改为正数）。

图 13-6 表示的是中线北侧的高程桩测设情况。表 13-3 是常用的记录表格。具体测法如下：

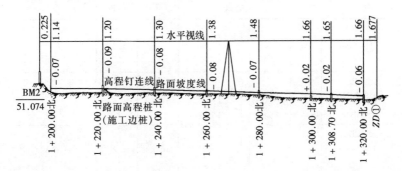

图 13-6　高程桩测设

（1）后视水准点求出视线高。

（2）计算各桩的"应试前视"即立尺于各桩的设计高程上时，应该读的前视读数。

应读前视＝视线高－路面设计高程

路面设计高程可由纵断面图中查得，也可在某一点的设计高程和坡度推算得到（表 13-3 设计坡度为 8.5％。）

高程桩测设记录表　　　　　　　　　　表 13-3

桩号	后视读数	视线高	前视读数	高程	路面设计高程	应读前视	改正数	备注
BM2	0.225	51.299		51.074				已知高程
北 1＋200.00 南			1.14 1.17		50.09	1.21	－0.07 －0.04	
北 1＋220.00 南			1.20 1.22		50.01	1.29	－0.09 －0.07	
北 1＋240.00 南			1.30 1.29		49.92	1.38	－0.08 －0.11	

桩号	后视读数	视线高	前视读数	高程	路面设计高程	应读前视	改正数	备注
北 1+260.00 南			1.38 1.41		49.84	1.46	−0.08 −0.05	
北 1+280.00 南			1.48 1.46		49.75	1.55	−0.07 −0.09	
北 1+300.00 南			1.66 1.62		49.66	1.64	+0.02 −0.02	桩顶低
北 1+308.70 南			1.65 1.60		49.63	1.67	−0.02 −0.07	
北 1+320.00 南			1.66 1.64		49.58	1.72	−0.06 −0.08	
ZD①			1.77	49.529				

当第一桩的"应读前视"算出后，也可根据设计坡度和各桩间距算出各桩间的设计高差，然后由第一个桩的"应读前视"直接推算其他各桩的"应读前视"。

（3）在各桩顶上立尺，读出桩顶前视读数，算出改正数

改正数＝桩顶前视 − 应读前视

改正数为"−"表示自桩顶向下量改正数，再钉高程钉或画高程线；改正数为"＋"表示自桩顶向上量改正数（必要时需另钉一长木桩），然后在桩上钉高程钉或画高程线。

（4）钉好高程钉 应在各钉上立尺检查读数是否等于应读前视。误差在 5mm 以内时，认为精度合格，否则应改正高程钉。经过上述工作后，将中线两侧相邻各桩上的高程钉用小线连起，就得到两条与路面设计高程一致的坡度线。

（5）为防止观测或计算中的错误，每测一段后，就应利用另

206

一水准点闭合受两侧地形限制，有时只能在桩的一侧注明桩顶距路中心设计高的改正数，施工时由施工人员依据改正数量出设计高程位置，或为施工方便量出高于设计高程 20cm 的高程线。

9. 竖曲线、竖曲线形式与测设要素

为了保证行车安全，在路线坡度变化时，按规范用圆曲线连接起来，这种曲线就叫做竖曲线。竖曲线分为两种形式：凹形和凸形。

其测设要素有：曲线长 L，切线长 T，外距 E，由于竖曲线半径很大，而转折点较小，故可以近似的计算 T、L、E。

切线长 $$T = R \times \frac{|(i_2 - i_1)|}{2}$$

曲线长 $$L = R \times |(i_2 - i_1)|$$

外 距 $$E = T^2/2R = L^2/8R$$

10. 路面施工阶段测量工作的主要内容

（1）路面施工阶段的测量工作主要包括三项内容

1）恢复中线：中线位置的观测误差应控制在 5mm 之内；

2）高程测量：高程标志线在铺设面层时，应控制在 5mm 之内；

3）测量边线：使用钢尺丈量时测量误差应控制在 5mm 之内。

（2）路面边桩放线主要有两种方法

1）根据已恢复的中线位置，使用钢尺测设边桩，量距时注意方向并考虑横坡因素；

2）计算边桩的城市坐标值，以附近导线或控制桩，测设边桩位置。

11. 路拱曲线的测设

找出路中心线后，从路中心向左右两侧每 50cm 标出一个点位。

在路两侧边桩旁插上竹竿（钢筋），从边桩上所画高程线或依据所注改正数。画出高于设计高 10cm 的标志，按标志用小线将两桩连起来，得到一条水平线，如图13-7所示。

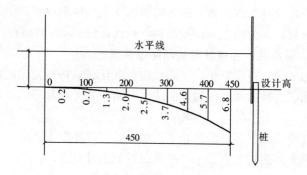

图13-7　路拱曲线的测设

检测的依据是设计提供的路供大样图上所列数据，用盒钢尺从中线起向两侧每50cm检测一点。将钢尺零端放在路面，向上量至小线，看是否符合设计数据。

如图13-7，在 O 点（路中心线）位置，所量距离应是10cm，在2m处应是12cm，在4.5m处应是16.8cm。

规程规定，沥青面层横断面高程允许偏差为±1cm，且横坡误差不大于0.3%。如在2m处高程低了0.5cm，在2.5m处高程又高了0.5cm，虽然两处高程误差均在允许范围内，但两点之间坡度误差是1/50=2%，已大于0.3%，因而是不合格。

在路面宽度小于15m时，一般每幅检测5点即可，即中心线一点，路缘石内侧各一点，抛物线与直线相接处或两侧1/4处各一点。路面大于15m或有特殊要求时应按有关规定检测或使用水准仪实测。

（三）管道工程施工测量

1. 管道工程施工测量的主要内容有：

（1）熟悉设计图纸，勘查现场情况，掌握施工进度计划、制定施工测量方案；

（2）按设计要求校核或测设中线桩及基准点；

（3）测设施工中线位置及构筑物位置控制桩，加密施工水准点；

（4）槽口放线（开槽边界线放线）；

（5）埋设坡度板，在坡度板上投测中线位置、钉中心钉；

（6）测设高程钉；

（7）施工过程中校测、检查、补充标志及验收；

（8）竣工测量及资料整理。

2. 坡度板的测设

坡度板的测设（见图13-8）有以下两种方法。

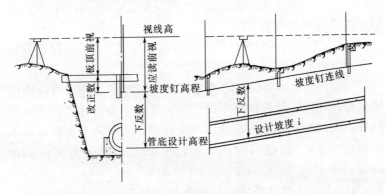

图 13-8　测设坡度板

（1）应读前视法：此法较简单，适用于测设及经常校测。

1）后视水准点，求出视线高。

2）选定下反数，计算坡度钉的"应读前视"（立尺于坡度钉上时，应读的前视读数）。

应读前视＝视线高－（管底设计高程＋下反数）

式中下反数应根据现场实际情况选定，一般要求使坡度钉钉在不妨碍工作和使用方便的高度上（常选1.500－2.000m）。表13-4中选1.900m。

管底设计高程可从纵断面图中查出，或用已知点设计高和坡度经过推算得到。

3）立尺于坡度板顶，读出板顶前视读数，算出钉坡度钉需要的改正数。

改正数＝板顶前视－应读前视

式中改正数为"＋"时，表示沿高程板自板顶向上量数钉钉

改正数为"－"时，表示沿高程板自板顶向上量数钉钉

4）钉好坡度钉后，立尺于所钉坡度钉上，检查实读前视与应读前视是否一致，误差在±2mm 以内，即认为坡度钉位置准确。

5）第一块坡度钉钉好后，即可根据管道设计坡度和坡度板间距，推算出第二块、第三块……坡度板上的应读前视，按上述做法测试各板上的坡度钉。

6）为了防止观测或计算中的错误，每测一段后应附和到另一个水准点上校核。

（2）测绝对高程法 此法适用施工前准备工作。与应读前视法原理相同，计算次序不同。测坡度板中线钉处的板顶绝对高程，每块板顶都要进行往返两次观测，所得两个高程相差不得超过 5mm，合格后取两次观测平均值，确定为各板板顶高程。

1）按管道设计坡度，计算各坡度板桩号所对应的管底设计高。

2）计算板顶至坡度钉改正数：

改正数＝（设计管底高程＋下反数）－板顶高

其值为"＋"值时，坡度钉在板顶上方，其值为"－"时，坡度钉在板顶下方。

以表 13-4 为例，在 0～0.469.6m 处，板顶测出的高程为49.527m，管底设计高为 47.401m，下反数为 1.900m。

改正数＝（47.401＋1.900）－49.527＝－0.226m

从板顶往下量 0.226m 钉坡度钉，即为正确位置。具体各测点的记录情况见表 13-4。

坡度钉测设记录表　　　表 13-4

测点 （桩号）	后视 读数	视线 高	前视 读数	高程	管底设 计高程	下反 数	应读 前视	改正数		备注
								＋	－	
BMO	1.996	51.049		49.053						
♯5 0＋419.6			2.012		47.151	1.900	1.998	0.014		
0＋429.6			2.050		(i＝5‰)		1.948	0.102		
0＋439.6			1.748				1.898		0.150	
♯4 0＋449.6			1.693				1.848		0.155	
0＋459.6			1.579				1.798		0.219	
0.469.6			1.522	49.527	47.401		1.748		0.226	
♯3 0＋476.6			1.407		47.436	1.900	1.713		0.306	
BM1			1.492	49.357						

计算校核　51.049－(47.436＋1.900)＝1.713m

已知 BM1 高程为 49.355m 闭合差 2mm 合格

（3）测设坡度钉时应注意以下几点

1）坡度钉是施工中掌握高程的基本标志，必须准确可靠，为防止误差超限或发生错误，要经常校测，在重要工序（例如混凝土基础、稳管等施工）之前和雨雪天之后，都要仔细做好校对工作。

2）在测设坡度钉时，除本工段校测之外，还要连测已建成管道或已测好坡度钉。以防止由于测量上的错误造成各段接不上茬的现象。

3）在地面起伏较大的地方，常需分段选取合适的下反数。这样，在变换下反数处需要钉两个高程板和坡度钉，以防止施工中用错坡度钉，如图 13-9。

4）为了便于施工中掌握高程，在每块坡度板上都应写好高

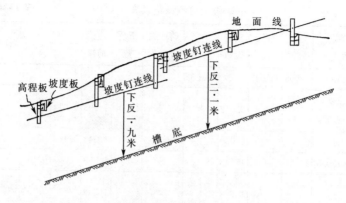

图 13-9 不同反数的坡度板

程牌或写明下反数。下面是一种高程牌的形式：

0＋419.6 高程牌	
管底设计高：	47.151
坡度钉高程：	49.051
坡度钉至管底设计高：	1.900
坡度钉至基础面：	1.930
坡度钉至槽底：	2.030

（四）市政工程竣工测量

1. 市政工程竣工测量

2002 年 5 月 1 日实施的国家标准《建设工程文件归档整理规范》GB/T 50328—2001 是做好市政工程竣工测量的基本依据，在北京地区还应执行 2011 年 8 月 1 日实施的北京市地方标准《市政基础设施工程资料管理规程》DB 11/T 808—2011。

（1）市政工程竣工测量的目的

1）为验收评价工程是否按设计图纸施工提供依据。

2）工程交付使用后，为管理、维修与改扩建提供依据。

3）为城市建设规划、设计及其他工程施工提供依据。

（2）市政工程竣工测量的主要内容

1）道路中心线的起点、终点、转折点及交叉路口等的平面位置坐标和高程。

2）地上和地下各种管线中心线的起点、终点、折点、交叉点、变坡点、变径点等的平面位置坐标及高程。

3）地上和地下各种建（构）筑物的平面位置坐标、几何尺寸和高程等。

4）地下管线调查。

5）将所测各点位坐标、高程及其他有关资料综合成竣工测量成果表。

6）将以竣工工程展绘到相应的 1∶500 带状地形图上，或展绘在 1∶500 基本地形图上，成为竣工图。

2. 地下管线竣工测量的基本精度要求

（1）用解析坐标法测量的管线点位中误差（指测点相对于邻近解析控制点）不应大于±5cm，管线点的高程中误差（指测点相对于邻近高程起算点）不应大于 2cm；对于直埋电缆（规定测其沟道中心），其点位中误差不应大于±5cm；管线点的高程中误差（指测点相对于邻近高程起算点）不应大于 2cm。

（2）用图解法测绘地下管线点与邻近主要地物点、相邻管线、规划道路中心线的间距图上误差不应大于±1.1mm。

3. 用解析坐标测量地下管线所依据导线的布设与主要技术要求

（1）导线的布设

1）地下管线坐标测量应尽量直线使用城市一、二级导线，需重新布设导线时，应按三、四级导线要求布设成起闭于一、二级导线或三角点上的附和导线。

2）导线相邻边长应大致相等，平均边长及导线总长度符合技术要求（表 13-5）在不测地下管线地段，边长可适当放长、但相邻边长之比不应超过 1∶3。

导线主要技术要求表

表 13-5

等级	测区范围	平均边长(m)	导线总长(km)	角度观测测回数	方位角闭合差($''$)	边长测量方法 钢尺	边长测量方法 测距仪	坐标相对闭合差	导线超长时坐标闭合差的限差(m)
三	三环路之内	150	1.6	J6、2 J2、1	$\pm24\sqrt{n}$	单程精概量法单程错尺量法读数至 mm	单向测边两次差值不超过 1cm	1/5000	0.32
三	三环路之外	250	3.6						0.72
四	三环路之内	150	1.0	J6 J2、1	$\pm40\sqrt{n}$	单程错尺法读数至 mm		1/3000	0.32
四	三环路之外	160	2.2						0.72

3）特殊情况下需做支点等线时，支点应不超过 4 个，边长不应超过后边长的 2 倍，总长不超过 500mm。

（2）导线主要技术要求

详见表 13-5。

（3）导线测量的外业与内业

4. 线路转折点坐标的测算

线路转折点的坐标可采用导线串测法或一般坐标法施测和支点测法。导线串测法是把欲测点相继连接成闭合导线形式，极坐标法是在已知控制点上设站，测出欲求点与已知点间边长及央角，推算出方位角，再计算欲求点坐标。

竣工测量技术规定：用钢尺量距时，一般边长不超过后视边长的 2 倍，最长应不超过 200m，按三级导线要求丈量，必要时应进行尺长改正、温度改正和倾斜改正。用光电测距仪测边长应加倾斜改正和仪器常数改正，水平角应观测一测回。

对热力、燃气（高、中压）、上水（ϕ300mm 以上）的折点可用支点法。支点不应超过 4 个点，边长不应超过后视边长的两倍，总边长不应超过 500m；边长用单程精概量法或用光电测距仪测距，水平角观测左、右角各一测回，测站圆周角闭合差应不超过$\pm40''$。

5. 地下管线高程测量的主要技术要求

把地下管线的测点布设成附合水准路线或结点水准网。特殊情况，可布设同级附合水准路线（但以二次附合为限）。水准路线要起始于等级水准点或经三四等水准联测的导线点上，其闭合差不应超过 $\pm 6\sqrt{n} \times$ mm（n 为测站数）。使用 S3 水准仪和带有水准气泡的水准尺单程观测，读数至 "mm"。水准尺至测站间的距离一般不应超过 70m，前后视距离应尽量相等。起闭于导线点时，应检测相邻三点的高差是否相符，满足要求时方可使用。

水准路线用简单分配误差法计算，构成结点的水准网采用加权平均法计算，数值取至 "mm"。地下管线点的高程计算至 "cm"。个别点也可采用中视法观测，两次之差应小于 1cm，合于要求后取平均值。

6. 各种地下管线竣工测量资料整理及装订要求

地下管线竣工测量资料整理及装订要求规格统一，装订有序，封面上工程名称与施工图应一致，工程件号等应填写清楚。

装订顺序一般应为：工作说明（概况、施测情况及遗留问题）、管线测量成果表、略图、导线及管线坐标测量资料、水准竣工路位置图、质量检查验收记录等。

7. 各种地下管线竣工测量检查验收的主要内容

地下管线竣工测量的成品必须经过作业班、组自检和本单位技术部门的审核，并经市管部门验收合格后才能作为测量成品移交有关部门、检查验收的主要内容如下：

（1）各项测量是否符合规定，使用的起算数据是否正确；

（2）成果表抄写的是否完全、正确；

（3）记录、计算的数值是否正确，记录应填写的项目是否齐全、工作说明是否清楚；

（4）所测的地下管线有无错误或遗漏，管线的来龙去脉连接走向是否正确合理，与施工图的内容（包括工程变更）是否相符合。

8. 绘制市政工程竣工图的基本方法

绘制竣工图以施工图为基本依据，视施工图改动的不同情况采取重新绘制或利用施工图改成竣工图。

（1）重新绘制

如下情况，应重新绘制竣工图：

1）施工图纸不完整，而具备必要的竣工文件材料。

2）施工图纸改动部分在同一幅图中覆盖面积超过 1/3，及不宜利用施工图改绘清楚的图纸。

3）各种地下管线（小型管线除外）。

（2）利用施工图改绘成竣工图

如下情况，可利用施工图改绘竣工图：

1）具备完整的施工图纸。

2）局部变动，如结构尺寸、简单数据、工程材料、设备型号等及其他不属于工程图形改动并可改绘清楚的图纸。

3）施工图图形改动部分在同一幅图中覆盖图纸面积不超过 1/3 时，可采用贴图更改法来完成竣工图，将需修改的部分用别的图纸绘制好，然后粘贴到被修改的位置上，如果设计管道轴线发生偏移，检查井增减，管底高程有变更或管径发生变化等均应注明实测实量数据外，还应在竣工图中注明变更的依据及附件，共同汇集在竣工资料内以备查考。

当检查井仍在原设计管线的中心线位置上，只是沿中心方向略有位移，且不影响支连管的连接时，则只需在竣工图中注明实测实量的井距及高程即可。

4）各专业小型管线（如小区支、户线）工程改动部分不超过工程总长度的 1/5（超过 1/5 应重新绘制）。

（3）绘制竣工图应注意的问题：

1）洽商记录的附图，应作为竣工图的补充，如绘制质量不合格应重新绘制；

2）属于改动图形的洽商记录，而内容超出其相应施工图的范围应补充绘图；

3）重复变更的图纸，应按最终变更的结果绘图；

4）绘制管线工程竣工图，所需数据必须是合格的竣工测量成果；

5）采用标准图、通用图（一般在图纸中标注了图型号）作为施工图的只需把有改动的图纸按要求绘制竣工图，其余不再绘图，也不编入竣工文件材料中；

6）无论采用何种绘制竣工图的方法，均须绘制竣工图标题栏。

十四、小区域地形图的测绘

（一）小区域测图的控制测量概念

1. 测绘小区域地形图的基本步骤

遵照测量工作"先整体后局部，高精度控制底精度"的工作程序，测绘小区域地形图基本步骤：

（1）在测区内建立精度较高的控制网以控制测区的全局。

（2）根据控制网测绘出地形图。

如图 14-1 中的 1-2-3-4-5-6-7 为控制全区的导线，先以较高的精度测定其位置，作为测定全区地形的骨架；然后再以各导线点为依据，测定各导线点附近的地形；最后，一张完整的全区地形图，就在导线控制的基础上测绘而成。

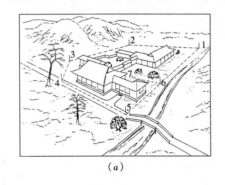
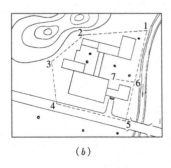

(a)　　　　　　　　　　(b)

图 14-1

(a) 鸟瞰图；(b) 地形图

2. 控制网的作业

控制网的作业时测绘（测图）与测设（定位放线）平面位置及高程的依据是保证其整体精度，减少误差传递与积累的根本措施。此外，当控制网测定后，各个局部就可以分别进行各局部的测绘工作了，从而打开工作面，加快测绘工作。

（二）经纬仪导线测量

1. 导线与经纬仪导线

（1）导线

将相邻的互相通视的控制点连接成的连续折线。如图 14-1 中 1-2-3-4-5-6-7，做为测绘全区地形图的主导骨架。

（2）经纬仪导线

用经纬仪测量导线夹角，用钢尺丈量边长的叫经纬仪导线。

在全站仪逐渐普及的当前，全站仪在测量导线夹角的同时就测出导线的边长，而极大地提高了观测速度与精度。

（3）经纬仪导线的形式

1）闭合导线（如图 14-1 中 1-2-3-4-5-6）；

2）附合导线与附合水准路线相仿，其起点与终点均为已知坐标和方位的已知点，这样可以校核起始数据与点位有无错误；

3）支导线（如图 14-1 中的 6-7），是由已知点向外支出 1～2 个点，由于没有校核条件，施测中要特别注意。

2. 导线选点的基本原则

（1）导线点要均布测区、控制意义强，即依据它能够测出全测区地物、地貌；

（2）相邻导线点必须通视，导线边长应大致相等（150～200m）；

（3）点位要选择在视野开阔、土质坚固且易于长期保存的地方。

3. 导线外业的基本内容

（1）踏勘选点，埋设标志；

（2）测导线夹角，用测回法测量导线的全部夹角（包括连接角）；

（3）量导线边长，用全站仪或用经验检定的钢尺往返丈量导线各边各长（包括连接边）。

4. 导线内业的基本内容

（1）计算外业成果的精度（包括角度闭合差、坐标增量闭合差与导线精度）；

（2）求出每个导线点的坐标，作为测绘其附近碎部点位的依据；

（3）绘制导线图，作为绘制地形图的基础。

5. 导线计算的步骤

（1）根据导线各左夹角（β）计算角度闭合差

1）计算角度闭合差

2）计算允许闭合差

3）若精度合格则将角度闭合差按反号平均分配

（2）根据已知方位角及导线各调整后的左夹角推算各边方位角，并做计算校核

（3）根据各边方位角及边长计算各边坐标增量

1）计算各边坐标增量；

2）计算增量闭合差及导线精度；

3）若精度合格，则将增量闭合差按反号与边长成正比例分配；

4）用调整后的坐标增量推算各导线点坐标（y，x），并做计算校核。

根据以上计算步骤，将闭合与附合两种导线的计算公式列于表14-1中。

6. 按正算表格计算闭合导线与附合导线

（1）闭合导线计算

220

导线 1 点的坐标与 12 边方位角均已知，各边长与各左角的测值均列入表 14-2 中，按前面所述闭合导线据算步骤在表中计算。

导线计算步骤与公式　　　　　　　　　　　　　　**表 14-1**

计 算 步 骤	闭 合 导 线	附 合 导 线
1. 计算角度闭合差	$f_{\beta测} = \Sigma_{\beta测} - (n-2) \cdot 180°$ $- \varphi_终$	$f_{\beta测} = \varphi_始 + \Sigma_{\beta测} - n \cdot 180°$
2. 调整角度闭合差 计算校核	当闭合差在允许范围以内时，将 $f_{\beta测}$ 按相反符号，平均调整到各角上，各角改正数总和应等于角度闭合差（但符号相反）。$\Sigma_{\beta理} = (n-2) \cdot 180°$　　　$\varphi_终 = \varphi_始 + \Sigma_{\beta理} - n \cdot 180°$	
3. 推算各边方位角 计算校核	下一边的方位角 $\varphi_{ij} =$ 上一边的方位角 $\varphi_{i-1, i} + \beta_i \pm 180°$ 重推出始边方位角应与原值相等。推算闭合边的方位角应等于 $\varphi_终$。	
4. 计算各边坐标增量	$\Delta y = D \cdot \sin\varphi$ $\Delta x = D \cdot \cos\varphi$	
计算坐标增量闭合差	$f_y = \Sigma \Delta y_测$ $f_x = \Sigma \Delta x_测$　　$f = \sqrt{f_y^2 + f_x^2}$　$f_y = \Sigma \Delta y_测 - (y_终 - y_始)$ $f_x = \Sigma \Delta x_测 - (x_终 - x_始)$	
计算导线全长闭合差	$K = \dfrac{f}{\Sigma D}$	
计算导线精度 调整坐标增量闭合差	精度在允许限度内时，将 f_x、f_y 以相反的符号，按与各边长（增量）成比例调整到各坐标增量上。即：$V_{y1} = \dfrac{-f_y}{\Sigma D} \cdot D_i$　$V_{xi} = \dfrac{-f_x}{\Sigma D} \cdot D_i$ 各边坐标增量改正数的总和等于坐标增量闭合差（但符号相反）$\left.\begin{array}{l} V_{y1} + V_{x2} + \cdots + \Delta_{yn} = -f_y \\ V_{x1} + V_{x2} + \cdots + \Delta_{xn} = -f_x \end{array}\right\}$	
计算校核	$\left.\begin{array}{l} \Sigma \Delta y_理 = 0 \\ \Sigma \Delta x_理 = 0 \end{array}\right\}$	$\left.\begin{array}{l} \Sigma \Delta y_理 = y_终 - y_始 \\ \Sigma \Delta x_理 = x_终 - x_始 \end{array}\right\}$
5. 推算各点坐标	$\left.\begin{array}{l} y_i = y_{i-1} + \Delta_{i-1i} \\ x_i = x_{i-1} + \Delta_{i-1i} \end{array}\right\}$	
计算校核	推算闭合点坐标与原值相符推算闭合点坐标应与 $y_终$、$x_终$ 相符	

表 14-2

闭合导线计算表

测站	导线左角 β 观测值	导线左角 β 改正数	导线左角 β 调整值	方位角 φ	边长 D	横坐标增量 Δy	横坐标 y	纵坐标增量 Δx	纵坐标 x	备 注
1	2	3	4	5	6	7	8	9	10	11
1				38°37′00″	177.824	−10 / +110.981	50 / 7007.289	+18 / +138.941	30 / 4576.216	(y_1, x_1) 已知
2	122°46′12″	+9″	122°46′21″	341°23′21″	148.336	−9 / −47.340	7118.260	+15 / +140.579	4715.175	φ_{12}已知
3	102°17′48″	+8″	102°17′56″	263°41′17″	292.470	−17 / −290.697	7070.911	+30 / −32.155	4855.769	
4	104°44′10″	+8″	104°44′18″	188°25′35″	228.902	−13 / −33.543	6780.197	+23 / −226.431	4823.644	
5	86°11′15″	+8″	86°11′23″	94°36′58″	261.511	−15 / +260.663	6746.641	+26 / −21.046	4597.236	
1	123°59′54″	+8″	124°00′02″	38°37′00″			7007.289		4576.216	
Σ =	539°59′19″	+41″	540°00′00″		ΣD= 1109.043	+371.644 / −371.580		+279.520 / −279.632		
					$f_y=$	+0.064		$f_x=$ −0.112		

闭合差和精度：

$f_{β允}=±24″\sqrt{n}=±24″\sqrt{5}=±0′54″$

$f_{β测}=Σβ_测−Σβ_理=539°59′19″−540°00′00″=−0′41″<f_{β允}=−0′41″$

$f=\sqrt{f_y^2+f_x^2}=\sqrt{f_y^2+f_x^2}=\sqrt{(0.064)^2+(−0.112)^2}=0.129\text{m}$

$k=\dfrac{f}{ΣD}=\dfrac{0.129}{1109.043}=\dfrac{1}{8600}<\dfrac{1}{5000}$

表 14-3

附合导线计算表

测站	导线左角β 观测值	改正数	调整值	方位角 φ	边长 D	横坐标增量 Δy	横坐标 y	纵坐标增量 Δx	纵坐标 x	备注
1	2	3	4	5	6	7	8	9	10	11
P				31°25′00″						φPQ已知
Q	219°37′27″	−7″	219°37′20″	71°02′20″	99.501	+11 +94.102	7587.611	−4 +32.330	3959.632	已知
1	216°10′00″	−10″	216°09′50″	107°12′10″	79.022	+8 +75.487	7681.724	−3 −23.371	3991.958	
2	144°21′21″	−10″	144°21′11″	71°33′21″	135.460	+14 128.502	7757.219	−6 +42.857	3968.584	
3	218°55′12″	−10″	218°55′02″	110°28′23″	85.627	+9 80.219	7885.735	−4 −29.949	4011.435	
M	194°15′10″	−10″	194°15′00″	124°43′23″			7965.963		3981.482	已知
N					ΣD= 399.610	ΣΔx测 = +378.310 (yM − yQ) = +378.352 fx = −0.042	ΣΔy测 = (xM − xQ) fx =	+21.867 +21.850 −0.017		φMN已知
Σ	993°19′10″	−47″	993°18′23″							

闭合差和精度

$$f_{容} = ±24″\sqrt{n} = ±24″\sqrt{5} = ±0′54″$$

$$f_{测} = φ_{PQ} + Σβ_测 - φ_{MN} - n×180° = +0′47″ < f_{容}$$

$$f = \sqrt{(0.017)^2 + (-0.042)^2} = 0.045\text{m}$$

$$k = \frac{f}{ΣD} = \frac{0.045}{399.610} = \frac{1}{8000} < \frac{1}{5000}$$

（2）附合导线计算

PQ 与 MN 为两个已知导线边，即 Q 点坐标与 PQ 边方位角、M 点坐标与 MN 边方位角均已知，Q-1-2-3-M 为附合导线，各边长（D）与各左角（β）的测值均列入表 14-3 中，按前面所述附合导线计算步骤在表中计算。

7. 导线计算中的各项计算校核

（1）角度闭合差的计算校核无误，除能说明按表中数字计算无误外，还能说明观测值无误。但若角度观测值的次序颠倒，则发现不了。对于附合导线而言，还可说明两端已知方位角无误。

（2）推算方位角的计算校核，对于闭合导线，不能发现始边已知方位角是否有误；对于附合导线则能说明两端已知方位角无误，但两者均不能发现导线角度观测值次序问题。

（3）增量闭合差的计算校核无误，除能说明按表中数字计算无误外，还能说明观测值（边长与角度）均无误，且边、角次序匹配。对于附合导线则能说明两端点已知坐标无误。

（4）推算各点坐标的计算校核，除能说明计算无误外，对于闭合导线不能说明起始点已知坐标无误；对于附合导线则能说明两端点已知坐标无误。

总而言之，计算校核无误时，只能说明按表中所列数字计算无误，不能说明观测数据与闭合导线的原始依据数字是否有误，但附合导线则可以。

为了使导线计算顺利进行，在计算之前应仔细检查、校核原始数据与外业观测的成果，发现问题应及时纠正。此外，在计算过程中还应采取两人对算等计算校核措施。

8. 导线图的展绘

（1）在图纸上精确地绘制 $10\text{cm}\times10\text{cm}$ 的直角坐标格网交点 O 截取 $AO=BO=CO=DO$，连接 A、B、C、D 得到的一个矩形，如图 14-2（b）所示：检查矩形两对边长，误差不应超过 0.3mm，然后在 AC 与 BD 线上自左至右、在 AB 与 CD 线上自下而上标出相隔 10cm 的点，连接相应的点即得坐标格网，如图

14-2（c）所示，并将坐标格网线的坐标值注在相应格网边线的外侧，如图 14-2（d）所示。

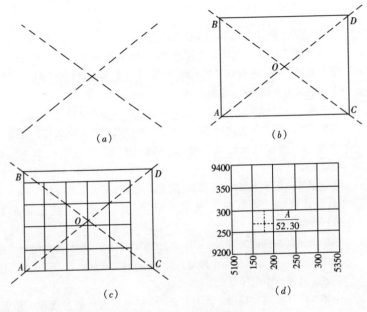

图 14-2　导线图展绘

（2）根据导线点的坐标值标出该点的位置

如图 14-2（d）中的 A 点。同法展绘出其他各导线点，并在点的右侧以分数形式注明点号及高程，最后检查各点间的距离，误差在图上应不大于 0.3mm。

参 考 文 献

[1] 中华人民共和国建设部，国家质量监督检疫总局. GB 50026—2007 工程测量规范[S]. 北京：中国计划出版社，2008.

[2] 中华人民共和国建设部. JGJ 8—2007 建筑变形测量规范[S]. 北京：中国建筑工业出版社，2007.

[3] 建筑施工手册编写组[M]. 北京：中国建筑工业出版社，2003.

[4] 李生平等. 建筑工程测量[M]. 北京：中国建筑工业出版社，2002.

[5] 卢德志. 测量员岗位实务知识[M]. 北京：北京建材工业出版社，2007.

[6] 岳建平等. 土木工程测量[M]. 武汉：武汉理工大学出版社. 2006.

[7] 聂让，付涛. 公路施工测量手册[M]. 北京：人民交通出版社. 2008.

[8] 中华人民共和国国家标准. GB/T 20257.1—2007 国家基本比例尺地图图式[S]. 第一部分第1部分：1∶500 1∶1000 1∶2000 地形图图式. 北京：中国标准出版社，2008.

[9] 中华人民共和国建设部. JGJ/T 8—1997 建筑变形测量规程. 北京：中国建筑工业出版社，1998.